리튬이차전지 음극활물질용

탄소소재 및 특성평가

이영석

충남대학교출판문화원

리튬이차전지 음극활물질용

탄소소재 및 특성평가

발행일 2018년 2월 14일 **발행인** 오덕성 **지은이** 이영석
펴낸곳 충남대학교출판문화원 **주소** 대전광역시 유성구 대학로 99
전화 042-821-6045 **홈페이지** http://www.cnupress.co.kr E-mail cnupress@cnu.ac.kr

ISBN 978-89-7599-660-3 93560
정가 15,000원

본 교재는 2016년도 산업통상자원부의 재원으로 한국에너지기술평가원(KETEP)의 지원을 받아 수행한 '미래시장 선점을 위한 LIB 음극 기술리더 양성 고급 트랙'의 지원으로 제작되었음.

리튬이차전지 음극활물질용

탄소소재 및 특성평가

머리말

리튬이차전지의 필요성은 과학기술이 발전할수록 점점 늘어가고 있다. 그에 따라 해결해야 하는 여러 가지 기술들이 늘어갈 것이다. 그러기 위해서는 리튬이차전지를 구성하는 소재들의 이해가 바탕이 되야 한다고 생각한다. 리튬이차전지에 대한 책들은 여러 출간이 되어있지만 리튬이차전지의 소재에 대하여 자세히 설명한 책은 찾아보기 매우 어렵다. 특히 리튬이차전지의 음극활물질로 사용되는 탄소소재에 대에서는 거의 전무하다고 볼 수 있다.

본 교재를 집필할 때 리튬이차전지음극활물질을 전반적으로 다루고, 그 중 기본이 되는 탄소소재에 대해서는 집중적으로 다루는 것을 목표로 하였다. 리튬이차전지 용 탄소소재의 종류와 제조 방법, 그리고 분석 방법까지를 포함하여 기존에 쓰여진 리튬이차전지를 중점으로 한 책이 아닌 소재를 중점적으로 살펴보는 그런 책을 지필 하고자 노력하였다.

본 교재의 구성은 리튬이차전지의 개요, 음극활물질, 음극활물질 소재 평가법, 리튬이차전지의 제조와 평가 등으로 구성이 되어있다. 음극활물질을 다룬 2장에서는 음극활물질에 대한 전반적인 소개를 비롯하여 탄소소재의 특성 및 구조, 원료에 대한 설명과 흑연, 하드카본 등의 음극재에 관련된 내용을 포함하고 있다. 음극활물질 소재 평가법을 다룬 3장에서는 탄소소재를 분석하는 다양한 분석법을 소개하여 실제적인 연구에 도움이 되도록 하였다.

이 교재는 리튬이차전지를 공부하는 사람뿐만 아니라 탄소소재를 전공하는 사람들에게 큰 도움이 되길 바라는 마음으로 지필 하였다. 부디 많은 연구자들에게 도움이 되는 교재가 되길 바란다.

목차

1. 리튬이차전지의 개요

전자기기에 대한 수요가 증가함에 따라 소형화, 고용량화, 경량화, 충전시간 단축 등 고성능을 가진 이차전지가 연구되고 있다. 이차전지에는 납축전지, 니켈-카드뮴 전지, 니켈-금속수소 전지, 리튬이차전지, 레독스플로우 전지, NaS 전지 등이 있으며 주로 대용량 전기의 저장에 이용되는 레독스플로우 전지와 NaS 전지를 제외하고는 대부분 전자기기에 사용되고 있으며, 이에 대한 특성을 표 1.1에 정리하였다[1,2].

납축전지는 1859년대 발명되어 군사용, 무선 전화기용 등 다양하게 적용되었으며 구조가 간단하고, 다루기 쉬우며, 대량 생산이 용이하다는 장점이 있다. 그러나, 반응 원리상 활성 물질의 변경이 어려워 부피가 크고 무거우며, 수명이 짧다는 단점이 있다. 이후, 1948년 발명된 니켈카드뮴(Ni-Cd) 전지는 작고 가벼워 휴대용 면도기, 무선 전화기, 전동 공구 등 전자기기에 이동성을 부여하였다. 그러나 방전이 충분하지 않은 상태에서 재 충전 시 전지의 실질 용량이 감소하는 메모리 효과, 낮은 에너지 저장 밀도, 카드뮴의 유해성으로 그 사용이 감소되고 있다. 니켈수소 (Ni-MH) 전지는 니켈카드뮴전지보다 약 2배에 달하는 에너지 용량과 안전성을 지녔으나 에너지밀도 향상에 한계가 있는 것으로 알려져 있는 것으로 알려져 있다[3].

그 중 리튬이차전지는 에너지 밀도 및 작동 전압이 높으며 우수한 보존 및 수명특성을 보이는 등 많은 장점을 가지며 현재 상용화된 이차전지 가운데 가장 우수한 성능을 가진다. 이에 따라 핸드폰, 노트북 PC, 전동공구 등 제한된 부피와 가벼운 무게에 대한 요구가 큰 제품에 주로 사용되고 있다. 또한, 간헐적이고 반복적인 충전에도 성능 감소 없이 사용할 수 있고, 셀 당 전압이 니켈계전지에 비해 3배 이상 크다. 이러한 특성을 활용하여 하이브리드 자동차, 전기자동차와 같은 친환경 자동차의 에너지 공급원으로 리튬이차전지가 강력한 대안으로 부각되고 있다[4-6].

또한, 전기자동차 등 대형 이차전지 시장은 리튬이차전지의 고용량화와 고출력화 기술을 요구하고 있다. 리튬이차전지는 전지 내부공간의 최적화 및 설계로 전지의 성능을 향상시켰으나, 기존의 용량, 출력, 충전시간, 가격, 안전성 등의 문제를 해결하기 위하여 음극과 양극 전극소재를 집중적으로 개발하고 있다[7].

표 1.1 이차전지의 분류 및 비교

	납축전지	Ni-Cd 전지	Ni-MH 전지	리튬이온전지
작용전압	1.9 V	1.2 V	1.2 V	3.6 V
양극	PBO_2	NiOOH	NiOOH	$LiMO_2$
음극	Pb	Cd	MH	C
전해액	H_2SO_4	KOH	KOH	Li염+유기용매
에너지 밀도	70 Wh/L	90 Wh/L	200 Wh/L	300 Wh/L
충전 특성	급속충전	초급속충전	급속충전	급속충전
장점	넓은 작동 온도	급속 방전	안전성	고용량
단점	무거움	환경오염	나쁜 고온특성	저안전성
가격	저가	중가	중가	고가
주요용도	자동차/산업용	군용 Power tool	HEV, 무선전화기	휴대용 기기

1.1 전지의 정의 및 구성

전기화학은 전자의 전이 및 이동(electron transfer)을 다루는 학문으로서, 전자전달과 관련된 화학이다. 이러한 전자전달반응이 전극을 통하여 일어나게 되면, 전자전달과 관련된 화학에너지를 전기적인 에너지로 변환시킬 수 있게 된다. 또한, 역으로 전기적인 에너지를 전극을 통하여 걸어주면, 전자의 이동을 유발시켜 화학반응을 일으킬 수 있다. 다시 말해, 화학적인 전자전달현상과 전기에너지 혹은 전기신호를 전극을 통하여 관련시키는 영역을 일반적으로 전기화학이라 한다[8].

전기화학반응이 일어나는 전기화학 셀(electrochemical cell)은 최소 두 개의 전극이 담겨진 전해질 용액으로 이루어져 있다. 이는 소자의 가장 작은 단위구조로 화학에너지를 전기에너지로 변환하거나 전기에너지를 화학에너지로 변환하는 것을 말한다. 전기화학 셀 자체를 전지라 부르기도 하지만, 일반적으로는 여러 개의 전기화학 셀을 모은 시스템을 전지라고 명명한다.

전극에 사용되는 물질로는 보통 금속과 같은 도체가 많이 이용되고 있고, 전해질은 수용액, 유기용액, 고분자물질, 용융염 등 이온의 이동이 가능한 물질이 사용된다. 셀을 구성하는 전극에서는 전자의 이동이 일어나는데, 이때 어떤 물질이 전자를 잃느냐 얻느냐에 따라 산화(oxidation)전구와 환원(reduction)전구로 구분된다.

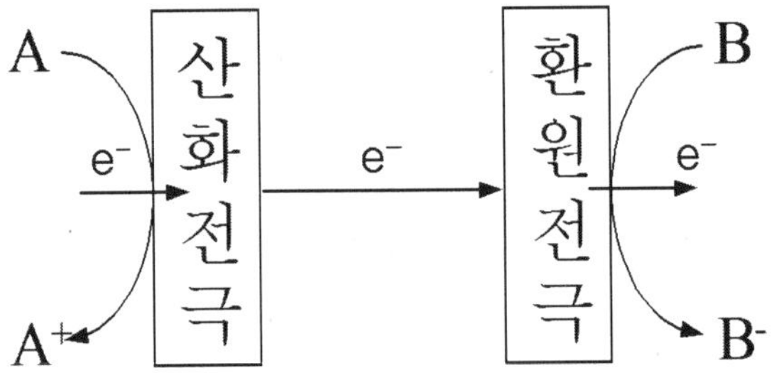

그림 1.1 전극에서의 전자전달반응.

또 다른 표현 방법으로 환원제(reducing agent), 산화제(oxidizing agent)라 정의할 수 있다. 어느 물질이 산화되면 그 물질은 필연적으로 다른 물질에게 전자를 주어 그 물질을 환원시켰기 때문에 산화된 물질은 환원시킬 수 있는 능력이 있는 환원제라 표현할 수 있다. 역으로 자신이 전자를 받아들이기에 용이한, 즉 환원이 잘 되는 물질은 상대방을 잘 산화시키기 때문에 산화제라 표현 가능하다. 이에 대한 반응식을 식 (1.1)에 나타내었다.

$$A + B \rightarrow A^{+} + B^{-} \tag{1.1}$$

A : Oxidized, Electron donor, Reducing agent

B : Reduced, Electron acceptor, Oxidizing agent

이러한 산화와 환원반응은 물질들 간에 전자를 주고받으면서 필연적으로 쌍(couple)으로 일어난다[9].

전지는 크게 물리전지와 화학전지로 구분된다. 물리전지는 물리 에너지를 전기 에너지로 변환하는 것을 말하며 태양광 발전소에서 사용되는 태양전지가 대표적인 예이다. 화학전지는 전지 내의 화학물질의 산화-환원 반응을 통하여 화학에너지를 전기에너지로 환하는 장치를 의미한다. 그 중 화학전지는 일차전지와 이차전지로 나눌 수 있다. 일차전지는 한번만 사용할 수 있는 전지로 수은, 망간 전지 등이 있으며 이차전지는 충·방전을 반복적으로 진행하여 반영구적으로 사용할 수 있는 전지로 납축전지, 리튬이차전지, 니켈-카드뮴 이차전지, 니켈-수소 이차전지가 있다[1].

앞서 설명한 바와 같이 전지는 산화-환원반응을 통하여 화학에너지를 전기에너지로 또는 전기에너지를 화학에너지로 변환시키는 장치로서, 크게 보면 그림 1.2에 나타낸 바와 같이 양극(cathode), 음극(anode) 및 분리막(separator)으로 구성되며, 두 전극 사이에 이온을 전달하는 전해질(electrolyte)을 포함한다[10,11].

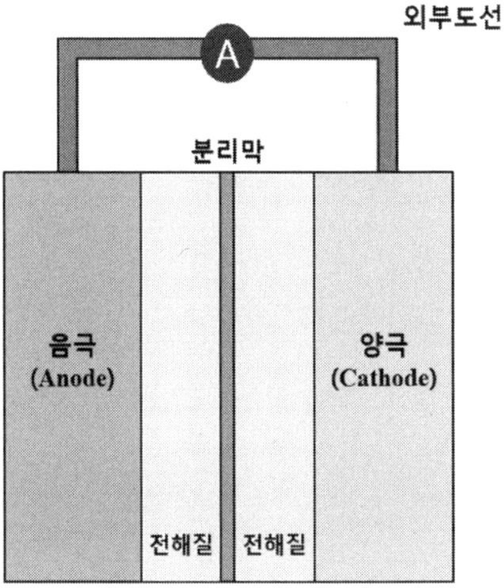

그림 1.2 전지의 기본 구성도.

충·방전 시에 전극에서는 전기화학적 산화-환원반응이 일어나게 되고 전해질을 통하여 이온이 산화전극과 환원전극 사이를 이동하게 된다. 이와 동시에 도선을 통하여 두 전극 사이에 전자의 이동이 일어난다.

전지의 방전(discharge)동안 전극물질이 전자를 내어주어 전기화학적 산화반응 (oxidation, $A \rightarrow A^{+}+e^{-}$)이 일어나는 전극은 산화전극(anode)이며 음극이라 한다. 이때 방전이란 전지가 갖고 있는 화학에너지를 전기에너지로 변환시키는 과정을 의미한다. 반대로 전지의 방전 동안 외부회로를 통하여 음극으로부터 전달된 전자에 의해 전극 물질의 환원반응(reduction, $B^{+}+e^{-} \rightarrow B$)이 일어나는 전극은 환원전극(cathode)이며 양극이라 부른다. 전해질은 두 전극 사이에서 이온을 전달하는 이온 전도체(ionic conductor)로서, 전자에 대한 전도성은 없으며 단지 이온 전도성 만을 나타낸다[12].

전지에서 일차전지는 전극에서의 산화-환원반응이 비가역적인 반면, 이차전지는 산화-환원반응이 가역적이며 반복적으로 사용이 가능하다. 이때 가역적이라 함은 같은 전극 내에서 산화-환원반응이 반복적으로 일어나는 것을 말한다. 따라서 이차전지는 일차전지와 달리 충전하여 여러 번 사용할 수 있다는 장점이 있다. 그림 1.3에 나타낸 것처럼 이차전지의 전극에서는 산화반응뿐만 아니라 환원반응도 일어날 수 있으므로 방전 시 산화전극의 역할을 하던 전극은 충전 시 환원전극으로 전환된다. 이때 이차전지 전극의 정의는 일반적으로 전기에너지로 변환되는 방전과정을 기준으로 하기 때문에 방전 동안의 산화전극을 음극, 환원전극을 양극이라고 정의한다.

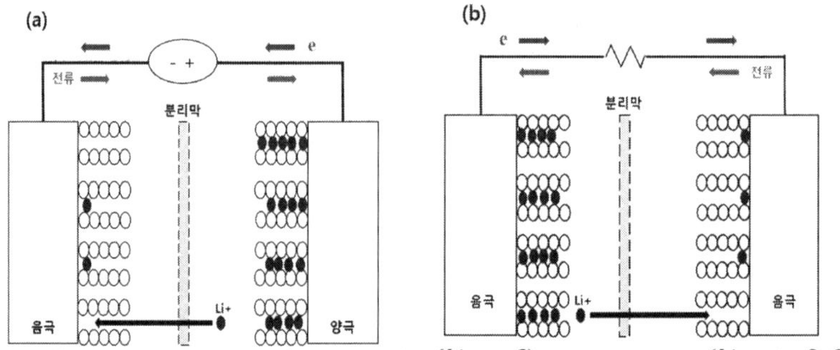

$(Li_x C)$ $(Li_{1-x} CoO_2)$ $(Li_{x-dx} C)$ $(Li_{1-x+dx} CoO_2)$

$LiCoO_2 + C \longrightarrow Li_{1-x}CoO_2 + Li_xC$ $Li_{1-x}CoO_2 + Li_xC \longrightarrow Li_{1-x+dx}CoO_2 + Li_{x-dx}C$

그림 1.3 $LiCoO_2$를 양극, 탄소를 음극으로 하는 리튬이차전지의 (a) 충전 (b) 방전 동안의 메커니즘.

전지의 전기화학적 특성을 분석하기 위하여 전기화학셀을 자주 이용하게 되는데 이때 전기화학셀은 완전셀 혹은 반쪽셀을 사용한다. 완전셀은 실질적으로 사용될 양극과 음극이 동시에 전기화학 반응에 참여하는 완전한 전지의 형태를 가지고 있어 이를 이용하여 전지의 특성 및 성능을 바로 측정할 수 있다. 그러나 완전셀의 경우에는 기준 전극에 대한 양극과 음극의 전위를 각각 측정하기 위하여 기준전극을 추가적으로 사용해야 한다. 이에 반해, 반쪽셀을 사용할 경우에는 환원전극 혹은 산화전극 중 한쪽 전극만을 작업전극으로 하고, 상대전극을 기준전극으로 사용하기 때문에 작업전극에서만 일어나는 현상을 측정하고 분석하기가 용이하며 각 전극소재들의 기본성질을 규명하는데 유리하다. 이와 같이, 완전셀 또는 반쪽셀의 이용은 측정자의 목적에 따라 선택할 수 있다[12].

1.2. 리튬이차전지의 원리

이차전지는 전지가 충전과 방전을 반복적으로 수행할 수 있는 구조의 양극(cathode)과 음극(anode)을 가지고 있어야 한다. 따라서 전극 내에서 이온의 삽입 및 탈리가 용이하고, 전극의 구조가 안정하게 유지되어야 하며, 전해질은 이온의 전달을 용이하게 하여야 한다. 그림 1.4에 대표적인 리튬이차전지의 리튬 이온의 삽입 및 탈리 과정에 대한 개략도를 나타내었다.

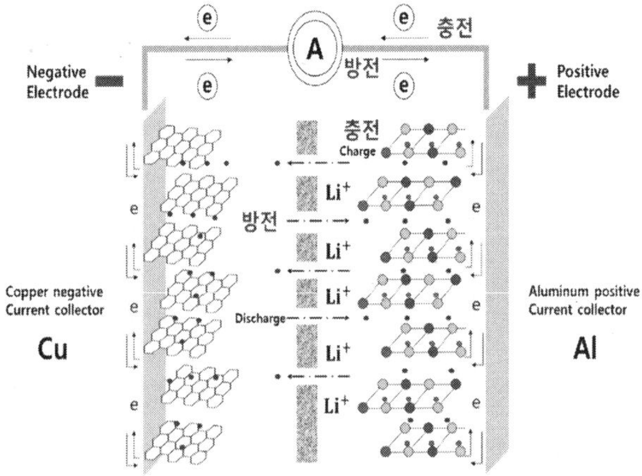

그림 1.4 리튬이차전지에서 리튬 이온의 삽입 및 탈리.

전극 내로 삽입되는 리튬 이온(Li^+)은 전극으로 들어온 전자와 전하중성(charge neutrality)을 이루어 전극 내에 전기에너지를 저장하는 매개체가 된다 [13]. 이는 전해질 영역에서 전극 쪽으로 빠르게 이동함으로써 전극 내에서의 반응속도를 크게 할 수 있다. 즉, 전지의 전체 반응속도에 큰 영향을 미치는 것은 전해질 및 전극 영역에서의 이온의 이동속도이다. 저장할 수 있는 전기에너지의 양을 결정하는 것은 전하중성을 이루기 위해 전극에 삽입된 이온의 양이다. 따라서, 전극의 소재와 이온의 종류가 실제 저장할 수 있는 전기 에너지의 양을 결정하는 주요 요소가 되는데, 이온의 종류로서 리튬 이온을 사용한 전지를 리튬이온전지(lithium ion batteries)라고 한다.

리튬은 금속 중에서 가장 가벼우며 전극소재로 적용 시 중량 및 체적당 에너지 밀도가 높다. 또한 표준환원전위가 가장 낮아 3 V 이상의 높은 기전력을 얻을 수 있다. 리튬이차전지는 작동 전압이 물 분해 전압보다 높기 때문에 유기용매를 전해질로 사용해야 하며, 일반적으로 Li 양이온의 삽입과 탈리가 용이한 격자구조를 갖는 물질들을 전극으로 사용한다.

리튬이차전지는 일반적으로 리튬 전이금속산화물(transition metal oxide)을 양극소재로, 탄소를 음극소재로 사용하며, 전해질로 액체전해질을 사용할 경우 이를 리튬이온전지라 하고 고분자 전해질을 사용하면 리튬이온폴리머전지(lithium-ion polymer batteries, LIPB)라 부른다.

1.3. 리튬이차전지의 소재

1.3.1. 음극활물질

리튬이차전지는 리튬 이온의 반복적인 삽입(insertion) 및 탈리(extraction) 반응을 이용하는 것으로 가장 대표적인 전지시스템에서 양극 활물질로는 $LiCoO_2$와 같은 전이 금속 산화물이 쓰이며, 음극 활물질로는 리튬 층간 탄소계를 사용하고 있다. 탄소재료는 리튬과의 전기화학 반응 전위가 리튬 금속에 가까우며, 결정구조의 변화가 적어 지속적인 산화환원 반응을 가능하게 한다.

리튬이온전지에 사용하는 탄소재 음극에서 충전 및 방전반응을 식(1.2)에 나타내었다.

$$LixC \Leftrightarrow C + XLi+ +xe- \qquad (\rightarrow : 방전, \leftarrow : 충전) \qquad (1.2)$$

충전반응 동안 탄소재는 환원반응이 진행되어 Li 양이온이 탄소재 내로 삽입(intercalation)되어 LixC의 화합물을 형성하며 방전반응 동안 탄소재에서는 산화반응이 일어나 탄소재로부터 Li 양이온이 탈리된다.

결정성, 미세구조 및 입자 형상 등에 따라 충·방전 특성이 다르게 나타난다. 이러한 음극 활물질에는 고온에서 일축 배향성을 쉽게 가지는 소프트 카본(soft carbon)과 일축 배향성을 가지기 어려운 하드 카본(hard carbon)으로 나눌 수 있다. 소프트 카본의 대표적인 물질인 흑연에서의 리튬 삽입 및 탈리 반응은 흑연 망면을 통해서 일어나며 기저면에서는 구조적 결함이 있는 부분에서도 일어날 수 있다. 또한 흑연은 전극의 활물질로서 안정적인 수명 특성을 보인다는 큰 장점을 가지고 있다. 그러나 고용량의 전지가 요구되는 시점에서 흑연은 낮은 이론 용량(372 mAh/g, 837 mAh/cm^3)을 가지기 때문에 이론적 용량이 높은 비탄소계 Si, Sn, Al, Ge, Pb 등의 새로운 음극 활물질의 개발이 필요하게 되었다. 현재까지 연구 개발된 전극재료의 전위와 방전용량 밀도관계를 그림 1.5에 나타내었으며 주요 음극활물질의 특성을 표 1.2에 정리하였다[15].

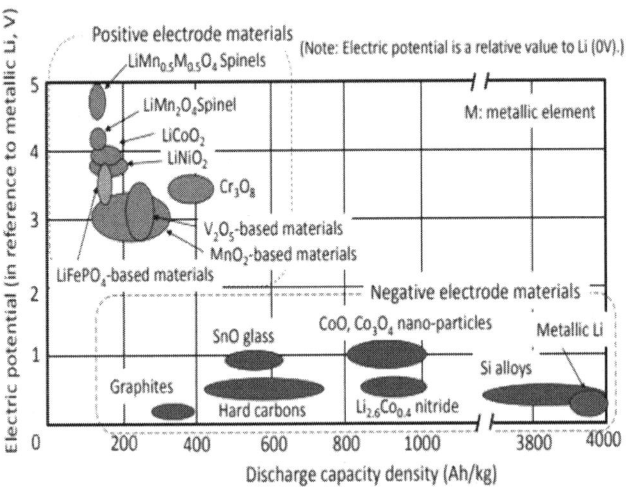

그림 1.5 전극재료의 전위와 방전용량의 밀도관계[5,16,17].

표 1.2 대표적인 음극활물질들의 특성

재료	이론용량 (mAh/g)	유효용량* (mAh/g)	평균전위 (V)	진밀도 (g/cc)
리튬 금속	3,800	-	0.0	0.535
흑연	372	~360	~0.1	2.2
코크스	-	~170	~0.15	〈2.2
실리콘	4200	~1,000	~0.16	2.36
주석	790	~700	~0.4	7.30

*유효용량: (전위설계 등을 고려한) 전지에서 실제로 유용하다고 판단되는 용량

1.3.2. 양극 활물질

양극 활물질은 충전 반응 시 탈리될 수 있는 리튬 이온을 가진 리튬 복합 산화물계 활물질이다. 이는 크게 층상 산화물(layered oxides)와 스피넬 산화물(spinel oxides)로 구분되며, 최근에는 기존 활물질에 비해 가격이 저렴하고 구조가 안정한 올리빈 산화물(olivine oxides)에 대한 연구가 이루어지고 있다. 대표적인 양극활 물질의 결정구조는 그림 1.6과 같다[18].

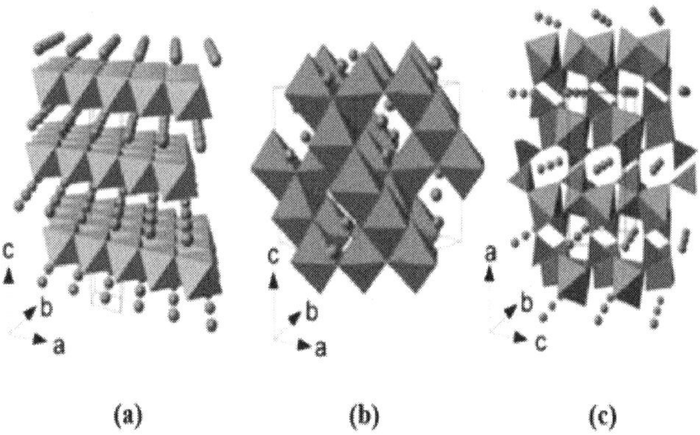

그림 1.6 양극활물질의 결정구조 (a) 층상 (b) 스피넬 (c) 올리빈[18].

층상 산화물은 층상 구조(layered structure)를 지니고 있으며, 각 층 사이로 리튬 이온이 반데르발스(van der Waals) 결합으로 삽입 및 탈리가 이루어진다. 기본적으로 6방정계(hexagonal) 대칭의 α-$NaFeO_2$구조를 지니며, 일반적으로 $LiMO_2$(M=V, Cr, Co,Ni 등)의 형태를 지닌다. 전이금속은 3가의 양이온으로 존재하며, 리튬은 1가의 양이온으로 산소는 2가의 음이온으로 존재한다. 하나의 결정에는 2개의 MO_2층이 존재하며 각각의 MO_2층과 층 사이에 리튬이온이 존재하는 형태를 지닌다. $LiCoO_2$와 $LiNiO_2$가 가장 대표적인 양극 활물질로 연구되었으며, 최근에 Mn에 대한 관심이 증가하면서 층상 구조를 지닌 $LiMnO_2$에 대한 연구도 활발하게 이루어지고 있다[19].

일반적으로 스피넬 산화물은 LiM_2O_4(M=Ti, V, Mn 등)의 분자식을 나타내며 정육면체의 결정구조를 이루고 있다. 리튬 이온은 1가의 형태로 사면체(tetrahedral site)에 존재하며, M은 3가와 4가의 형태로 팔면체(octahedral site)에 존재한다. 리튬 이온은 사면체 위치에서 옆에 비어있는 팔면체로 움직인 뒤, 다시 사면체로 옮기는 확산 거동을 보여준다. 대표적인 스피넬 구조를 지닌 $LiMn_2O_4$의 경우 사면체에서의 리튬이온의 이동은 4 V대의 거동으로 나타나며, 팔면체에서의 이동은 3 V 대의 거동으로 나타남에 따라서 2개의 방전 전압을 나타내게 된다.

$LiFePO_4$는 전이금속으로 지구상에서 가장 많은 원소 중의 하나인 철(Fe)을 사용하기 때문에 가격이 저렴하며, 올리빈 형태의 구조적 안정성으로 인하여 차세대 양극 활물질로서 각광 받아왔다. 올리빈 형태를 지닌 $LiFePO_4$은 안정적인 구조로 인하여 수백 사이클을 진행하여도 용량의 감소가 일어나지 않는다. 그러나 방전전압이 3.4 V으로 낮으며 재연성이 있는 물성을 얻기 위한 공정이 확립되지 않았다. $LiFePO_4$의 가장 큰 단점은 낮은 전기전도도를 들 수 있는데, 이는 많은 음이온을 포함하는 재료들의 일반적인 특징으로, 빠른 속도로 충·방전할 때 분극이 크게 일어나면서 용량이 급격하게 낮아지게 된다. 따

라서 이를 리튬이차전지의 양극 활물질로 사용하기 위해서는 활물질의 입자 크기를 수 백 nm로 작게 하거나, 전기 전도도를 향상시키기 위한 탄소코팅이 필수적으로 이루어져야 한다. $LiFePO_4$의 상용화는 $LiCoO_2$에 비해 그 가격이 저렴하여 지속적으로 이루어지고 있다[19].

표 1.3에 대표적인 양극활물질과 그에 대한 주요 특징들을 나열하였다. Co계 리튬 복합 산화물을 기반으로 리튬이온 이차전지에서 $LiCoO_2$는 안정성이 높아 양극재로서 활발하게 연구가 되고 있다. 또한, $Li[NiCoMn]O_2$도 원가, 안정성, 내구성, 용량 등의 전반적인 특성이 $LiCoO_2$만큼 안정화된 모습을 보이고 있다.

일반적으로 양극 활물질의 경우 고용량, 고효율, 높은 작동전압, 전기화학적 안정성, 열적 안정성, 고출력을 위한 높은 전자전도도, 높은 이온전도도, 치밀한 구조 등이 요구된다.

표 1.3 양극활물질의 주요 특성

구분	결정 구조	평형전압 (V.vs.Li)	이론용량 (mAh/g)	가용용량 (mAh/g)	종합
$LiCoO_2$	층상	3.7	274	140	제조 용이, 사이클 특성 우수, 안정성 우수,
$LiNiO_2$	층상	3.6	275	192	저가, 독성이 적음, 고용량, 제조 어려움, 열적 안정성 낮음, 수명특성 낮음
$LiMn_2O_4$	스피넬	4.1	148	120~130	저가, 제조 용이, 열적 안정성 우수, 낮은 용량
$Li[NiCoMn]O_2$	층상	3.6	285	170	고용량, 안정성 양호, 열적 안정성 양호, 원료 제조 어려움
$LiFePO_4$	올리빈	3.5	170	150	높은 열적 안정성, 전압/용량 낮음, 제조 어려움

1.3.3. 분리막

리튬이차전지에서 분리막은 마이크로미터(㎛) 이하 크기의 미세 기공을 갖는 다공성 막을 의미한다. 이는 양극과 음극이 접촉하여 전자가 직접 전달되는 단락 현상이 일어나는 것을 방지하고 리튬이온이 원활하게 이동할 수 있게 한다.

분리막은 전극 재료를 분리시키는 본래의 기능 이외에도 외부단락으로 대전류가 흐를때 미세 기공을 막아 전지 회로를 차단하는 안전장치로서의 중요한 기능을 수행한다. 이러한 기능을 셧-다운(shut-down) 이라고 정의하며, 이 기능의 특성은 분리막에 대한 수많은 요구 항목 중 중요한 위치를 차지하고 있다. 셧-다운 특성에 영향을 미치는 변수 중 가장 중요한 것은 재질의 특성이다. 때문에 리튬이차전지에서 분리막은 다양한 금속 산화물이나 금속황화물을 포함하는 양극 활물질상에서 화학적 및 전기화학적으로 안정적이어야 한다[20,21]. 현재 상업화 되어 리튬이차전지에서 사용되는 분리막의 대부분은 고분자물질인 PE (polyethylene), PP (polypropylene)와 같은 단일 올레핀(single olefin)이다. 근래에는 외부 단락에 대한 안정성에 대하여 분리막의 셧-다운 특성과 함께 셧-다운 후에 온도가 상승할 때 분리막의 형상 유지력을 높이기 위하여 폴리에틸렌/폴리프로필렌 복합층과 같은 폴리올레핀(olefin) 계열의 소재 또한 사용되고 있다. 이러한 다층 분리막은 PE를 PP로 감싼 3층 샌드위치 구조이며, 셧-다운 특성, 형상 유지력과 일정한 형상, 치수를 가진 직각 삼각추가 분리막을 관통하는데 필요한 열량을 측정하는 천공 강도(puncture strength)가 개선되었다. 하지만 낮은 극성으로 인해 EC나 PC와 같은 극성 전해질 용매에 대해 젖음성이 낮다는 문제가 있다. 이외에도 PA (polyamide), PAN (poly(acrylonitrile)), PEO (poly(ethylene oxide)), PPO (poly(propyleneoxide)), PEGA (poly(ethyleneglycol) diacrylate), PTFE (polytetrafluoroethylene), PVDF (ploy vinylidenefluoride) 및 PVC (polyvinylchloride)와 같은 소재도 활용되고 있다. 고분자 물질은 고유한 특성만으로는 전지 전반에 걸쳐 요구되는 물성을 만족시키는 데 한계가 있다. 따라서 고분자 물질의 다양한 기하학적 변화나 형태에 변형을 줌으로써 성능을 개선시키거나 비전도성 무기물과의 복합재를 형성시킴으로써 그 성능을 향상시킬 수 있다[22].

최근에는 기존 폴리올레핀 계열 분리막에 존재하는 여러 한계점들을 개선하기 위하여 폴리에틸렌테레프탈레이트(Polyethylene terephtalate)와 같은 내열성 수지를 이용한 부직포 분리막(Nonwoven separators)과 세라믹 복합 분리막(Ceramic composite separators) 등이 각광 받고 있다[23].

1.3.4. 전해액

리튬이차전지의 개방전압이 4.2 V으로 높기 때문에 물을 전해액으로 사용할 경우에는 물이 분해되는 문제점이 있다. 따라서 전해액은 높은 전압에서도 안정적으로 사용할 수 있는 유기용매에 전해질을 용해하여 사용하고 있다. 리튬이차전지에 주로 사용되는 유기전해액은 고점도/고유전성 용매인 사이클릭 카보네이트(cyclic carbonate)계 EC(ethyl carbonate), PC(propyl carbonate)와 저점도/저유전성 용매인 사슬 카보네이트(chain carbonate)계 DMC(dimethyl carbonate), EMC(ethylmethyl carbonate), DEC(diethyl carbonate) 등의 혼합용매에 기본 전해질(리튬염)로 $LiPF_6$, $LiBF_4$, $LiAsF_6$, $LiClO_4$ 등을 용해시켜 사용하고 있다. 이들 혼합용매들의 분자구조는 그림 1.7 및 1.8과 같다. 상기 용매의 물성은 이온 전도도, 유전율, 어는점, 끓는점, 점도 및 양극과 음극에서의 반응성 등이 있으며, 전지의 성능은 전해액 물성으로 조절할 수 있다. 이에 따라 각 전지를 혼합용매 및 전해질의 농도를 달리하여 제조할 수 있다[24].

또한, 전해액의 점도 및 유전율에 따라서 전지의 용량을 높일 수 있다. 용매 중에서 점도가 낮으면서 유전율이 높은 DMC를 사용할 경우, 전지의 활물질의 양을 높일 수 있게 되어 에너지 밀도를 증가시킴에 따라 고용량화를 실현시킬 수 있다. 그러나 DMC는 전지의 온도가 높아지게 되면 격렬한 부반응이 발생되어 전지 내부압력이 상승되는 요인으로 작용하기 때문에 각형 및 폴리머전지에서는 DMC의 사용을 하지 않고 있다. 이에 따라 현재 대부분의 리튬이온이차전지에서는 $LiPF_6$를 리튬염으로 사용하고 용매로는 리튬염의 용해도와 온도에 따른 전해액의 점도 및 안정성을 고려하여 EC, DMC, DEC, EMC 등을 특정 비율로 혼합하여 사용한다.

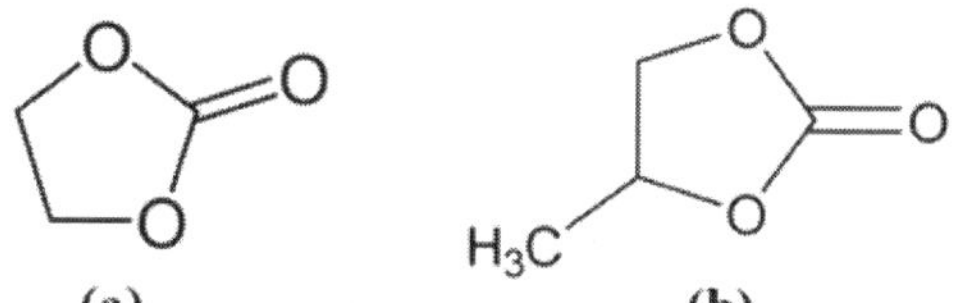

그림 1.7 고점도/고유전성 용매 분자 구조 (a) EC (b) PC.

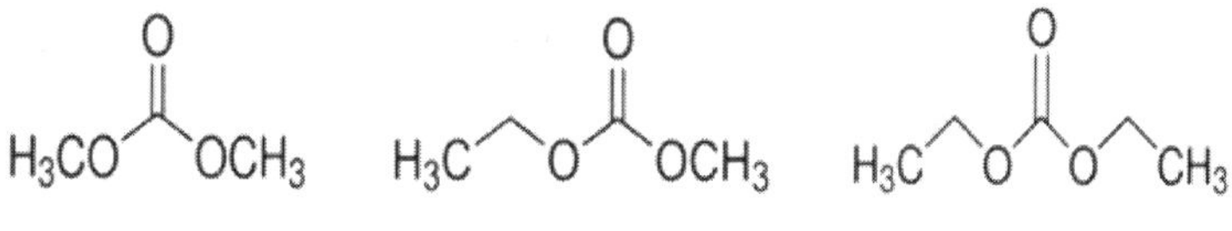

그림 1.8 저점도/저유전성 용매 분자 구조 (a) DMC (b) EMC (c) DEC.

전해액 분해반응을 억제하여 전지의 성능을 안정적으로 유지시키기 위하여 전해액 분해 억제 첨가제를 사용한다. 전해액 분해 억제 첨가제에는 VC (vinylene carbonate), FEC (fluoroethyl carbonate), VEC (vinylethyl carbonate) 및 PS (propanesulton) 등이 있다. 초기 충전 시에 VC가 전해액보다 먼저 분해됨에 따라서 전해액이 분해되는 것을 막을 수 있다. 이후에는 전해액의 분해가 더 이상 일어나지 않음으로 향상된 전지의 수명특성을 가질 수 있다. 더욱이, 리튬이차전지에 사용되는 전해액의 안정성이 중요시됨에 따라서 이를 높이기 위하여 난연성 전해액, 이온성 용융염(ionic liquid), 고체전해질 등이 개발되고 있다[25].

1.4. 리튬이차전지의 평가요소

리튬이차전지의 성능을 평가하는 요소는 출력(충전속도), 수명(사이클 수명, 보관수명), 안전성, 작동온도, 가격, 취급 용이성, 친환경성 등이 있으며, 성능이 우수한 이차전지는 다음과 같은 특성을 가져야 한다[26].

(1) 고출력

전동공구, HEV에서는 순간적으로 큰 에너지를 사용할 수 있는 전지가 요구된다. 출력은 전류와 전압을 곱한 값이기 때문에 전지 전압을 높이면 출력을 쉽게 올릴 수 있다. 또한 한꺼번에 많은 양의 전류를 흘려 보내도 출력을 높일 수 있으며, 이러한 전지는 짧은 시간에 충전이 가능하다.

(2) 수명 특성

전지의 수명이란 전지를 몇 번이나 충전하여 사용할 수 있는지에 대한 척도이다. 수명을 평가할 경우에 속도(율속)의 개념도 들어간다. 최근 휴대용 전자기기 및 노트북 컴퓨터들의 기능이 다양해짐에 따라 요구되는 출력이나 에너지가 빠른 속도로 증가하고 있어 이에 요구되는 성능들도 매우 높아지고 있다.

(3) 안전성

안전성은 각 소재에 따라 나눌 수 있다. 먼저, 양극소재는 2차원 층상 또는 3차원 스피넬 결정구조를 갖고 리튬 이온을 가역적으로 저장 및 방출하는 과정을 통해 에너지 소비 및 저장을 반복하게 된다. 양극소재의 대부분은 산화물이기 때문에 결정구조가 붕괴될 때 산소를 발생시켜 전지의 발화 및 폭발에 결정적인 원인이 된다.

분리막은 양극과 음극을 전기적으로 절연시켜 전자가 외부회로로 이동할 수 있도록 하는 동시에 전해액을 함습시켜 리튬 이온의 이동을 원활하게 하는 역할을 한다. 따라서 분리막은 다공성 구조를 가져야 하며 기계적으로 강해야 한다. 다공성의 폴리에틸렌, 폴리프로필렌 막을 단일 층으로 사용하거나 두 고분자 막을 교대로 적층 하여 다층막으로 사용하기도 한다. 전지가 과충전 되거나 오용되어 열이 발생하면 고분자인 분리막은 수축되고 양극과 음극이 직접 맞닿게 되어 전지의 발화 또는 폭발이 일어난다. 전지의 안전성을 향상 시킬 목적으로 분리막의 열 수축율을 감소시키는 연구가 진행되었으며 분리막 위에 세라믹을 코팅하는 방식의 CCS(ceramic coated separator)가 개발되었다. CCS를 적용하는 경우 열수축을 최소화시킬 수 있어 전지의 안전성을 크게 향상시킬 수 있다[27,28].

(4) 온도 특성

전지의 온도특성은 온도에 따른 전지 성능의 내구성을 의미하며 주위의 열 환경 변화에 대한 전지 성능의 퇴화를 평가할 수 있다. 온도 특성은 정상적인 온도영역에서의 전지의 성능 내구성과 비정상적인 온도영역에서 전지 안전성으로 나누어 생각할 수 있다. 정상 온도에서의 내구성은 전지가 작동 시 전기저항에 의한 내부 발열로 열손실과 열발생이 일어나는데, 이때 열손실과 열발생이 균형을 이루어 평형이 되는 온도에서의 성능저하가 있는지 여부를 판단하는 것이다. 비정상적 온도에서는 사용자의 실수나 비정상적인 환경하에 위험 여부와 정상 온도영역으로 회복되었을 때 초기성능 대비 어느정도 회복하는지를 확인하는 것이다. 이는 최근 전자기기의 작동 온도가 상승함에 따라 그 중요성이 더 증대되고 있다.

(5) 가격

일반적으로 전기차용 리튬이차전지 비용의 44%는 소재 비용이다. 이 소재 비용을 세분하면 양극 활물질 20%, 음극 활물질 7%, 분리막 9%, 전해질 4%, 기타 4%로 구성된다, 중대형 리튬이차전지 제조단가 중 소재비용이 가장 높은 비중을 차지해 제조 단가를 낮추기 위해서는 소재 비용의 절감이 반드시 필요하다. 리튬이차전지의 성능평가에 대해서는 4장에 자세히 기술하였다.

참고문헌

[1] 정영민, 조원일, 리튬이온이차전지 기술 동향과 미래 전망, 세라미스트 13(5) (2010) 7-14.

[2] M. Shao, J. Power Sources 270 (2014) 475-486.

[3] 선우준, The Road to the Top Secondary Batteries, SNUPRESS (2016)

[4] Q. Cheng, R. Yuge, K. Nakahara, N. Tamura, S. Miyamoto, J. Power Sources 284 (2015) 258-263.

[5] J. M. Tarascon. M. Armand, Nature 414 (2001) 359-367.

[6] J. H. Park, J.S. Kim, K. S. Yoo, J. Korean Ceram. Soc. 37(5) (2000) 466-472.

[7] 한유진, 권연주, 이제욱, 임지선, 리튬이차전지용 탄소재료의 연구동향, 고분자 과학과 기술 28(3) (2017) 195-200.

[8] 백문기, 박수문 전기화학: 계면과 전극과정의 과학 기술, 청문각, (2001)

[9] Bard, A. J. and Faulkner, L. R. Electrochemical Methods: Fundamentals and Applications, John Wiley & Sons, (1980).

[10] 선양국, 하이브리드 자동차용 이차전지기술 31(1) (2009) 49-54.

[11] S. Kim, D. Kim, Trans. Korean Soc. Mech. Eng. B 37(7) (2013) 665-667.

[12] 박정기, 강기석, 김동원, 김성수, 김재국, 도칠훈, 박홍규, 송승완, 이상영, 이성만, 이영기, 이용민, 이창우, 한규승, 홍영식, 리튬이차전지의 원리 및 응용, 홍릉과학출판사 (2010) 6-141.

[13] Y. Kim, S. Yoon, Polym. Sci. Technol. 23(3) (2012) 307-312.

[14] 김성수, 최완욱, 이상민, 리튬이차전지 음극활물질 연구개발 동향, 세라미스트 13(5) (2010) 39-44

[15] H. Kawamoto, 'Trends of R&D on Materials for High-power and Large-capacity Lithium-ion Batteries for Vehicles Applications', Science & Technology Trends 36 (2010) 34-54.

[16] Akira Yoshino, Development of Secondary Battery Materials, CMC Publishing CO., LTD. (2008).

[17] R. Kanno, Lithium-ion Battery Materials from a Structural Viewpoint, GS Yuasa Technical Report, 3(1) (2006) 1-11.

[18] C. M. Julien, A. Mauger, K. Zaghib, H. Groult, Inorganics 2(1) (2014) 132-154.

[19] 이승원, 최수안, 리튬이차전지용 양극활물질 개발 동향, 세라미스트 13(5) (2010) 32-38.

[20] P. Arora, Z. Zhang, Chem. Rev. 104(10) (2004) 4417-4462.

[21] S. S. Zhang, J. Power Sources 164(1) (2007) 351-364.

[22] H. Lee, M. Yanilmaz, O. Toprakci, K. Fu, X. Zhang, Energy Environ. Sci. 7(12) (2014) 3857-3886.

[23] 김정환, 이상영, 리튬이온전지 및 리튬황전지용 차세대 분리막 연구 동향, 재료마당 30(3) (2017) 49-60.
[24] 최남순, 김동원, 리튬이차전지 전해질로서의 이온성 액체, NICE 28(2) (2010) 142-152.
[25] 김영규, 리튬이차전지용 전해액 및 첨가제, 전자공학회지 34(12) (2007) 57-67.
[26] 김창삼, 리튬이온이차전지의 특성과 전망, 세라미스트 13(1) (2010) 40-46.
[27] 유승을, 전기자동차용 이차전지 개발동향, 오토저널 13(5) (2010) 48-53.
[28] J.Y. Sohn, J.S. Lim, S.J. Gwon, J. Shin, J.H. Chol, Y. C. Nho, Polymer(Korea) 32(6) (2008) 598-602

2. 음극활물질

2.1. 음극활물질의 개요

리튬이차전지의 방전시 양극활물질에서는 자발적인 환원반응이 일어나며, 음극활물질에서는 자발적인 산화반응이 일어난다. 대표적인 예로서 $Li_xC/Li_{1-x}CoO_2$로 구성된 리튬이차전지의 방전과정에서 양극활물질인 $Li_{1-x}CoO_2$는 전자와 리튬이온을 제공받아 환원되며, 음극활물질인 Li_xC가 전자와 리튬 이온을 제공하고 자신은 산화된다. 결과적으로 음극은 충전과정에서는 리튬이온을 저장하게 되고, 방전과정에서는 리튬이온을 방출하게 된다.

흑연 음극의 경우 아래의 식 (2.1)에 나타난 바와 같이 이론적으로 탄소 6개 당 리튬이 1개 반응하게 되며, 이때 전압은 리튬전극(Li^+/Li)대비 0.0~0.25 V이고 이론용량은 372 mAh/g이 된다. 리튬이 삽입되지 않은 흑연은 충전시에 리튬전극(Li+/Li)대비 약 3.0 V 이상의 전위를 보이지만 리튬이 삽입됨에 따라 전위가 빠른 속도로 감소하기 시작한다. 양극 및 음극의 경우, 전극활물질 내에 리튬 삽입량이 증가하게 되면 기준전극인 리튬 전극의 전위 방향으로 전압이 낮아지며 충전 말기에는 거의 0 V에 도달하게 된다.

$$Li_xC_6 \rightarrow C_6 + xLi^+ + xe^- \quad 0.00\sim0.25\ V(vs.\ Li^+/Li) \qquad (2.1)$$

충전 반응시 음극의 표면에서는 전해질의 분해반응이 일어나게 되는데, 이는 전해질의 환원 전위가 리튬의 전위에 비해 상대적으로 높아서 전해질의 환원이 리튬의 환원에 비해 더디게 일어나기 때문인 것으로 알려져 있다. 이러한 전해질 분해반응은 전극 표면에 고체전해질 계면(solid electrolyte interphase: SEI)을 형성시켜 음극과 전해질의 반응에 요구되는 전자의 이동을 억제시킴으로써 추가적인 전해질의 분해를 방지할 수 있다. 이에 따라 전지의 성능은 음극 표면에 형성된 피막의 특성에 따라 크게 좌우되며, 이를 고려하여 충전 반응시 전해질보다 먼저 분해될 수 있는 전해질 첨가제의 도입을 통하여 견고하고 우수한 전기적 특성을 갖는 SEI 층의 형성을 유도하고 있다.

위에서 언급된 것처럼, 리튬이차전지의 기본적인 성능 특성들인 용량, 출력 및 수명은 음극재료에 의해 크게 영향을 받는다. 리튬이차전지의 성능을 높이기 위하여 일반적으로 음극활물질이 갖추어야 할 요구조건들은 다음에 열거 하였다[1].

(1) 양극과 더불어 셀을 구성할 때 음극은 되도록 낮은 표준전극전위를 가져, 셀에 높은 전압을 제공하여야 한다. 이를 위해서는 음극의 전위가 리튬금속의 전기화학 전위와 근접함이 필요하다.

(2) 리튬이온과의 반응에 따른 음극재의 구조변화가 적어야 한다. 구조변화가 있을 경우 충전/방전 사이클이 진행됨에 따라서 구조 내에 변형이 축적되기 때문에 반응의 가역성이 저해되고 우수한 수명 특성을 보이기 어렵게 된다.

(3) 음극재는 리튬이온과의 반응 가역성이 높아야 한다. 이상적인 가역반응은 충전/방전 효율이 100%에 가까운 것이며 사이클에 따른 반응 효율의 변화가 없음을 의미한다.

(4) 음극 활물질내에서 리튬이온의 확산속도가 빨라야 한다. 특히 음극에서의

리튬이온의 확산속도는 상대적으로 셀의 성능인 용량, 용량 유지율 및 출력성능을 구현하는데 매우 중요하다.

(5) 전기화학반응시 음극재의 전기전도도가 높아 전자의 이동이 용이해야 한다.

(6) 높은 전극밀도를 얻기 위하여 음극활물질의 밀도가 높아야 한다. 이는 전지 설계에서 전지의 용량을 높이기 위하여 고려되는 중요한 인자이며, 흑연의 이론 밀도는 2.2 g/ml으로서 이론적으로는 818 mAh/ml의 용량밀도를 가진다.

(7) 단위 중량당 저장할 수 있는 전기량(coulomb)이 많아야 한다.

이외에도 탭 밀도, 비표면적, 입자크기 및 분포 등이 전지의 에너지 밀도 및 출력을 결정하는 중요한 인자들이다. 특히 음극의 경우 단위무게당 용량이 크기 때문에 리튬이온이 삽입 및 탈리 하는 것이 양극에 비해 상대적으로 더 어렵다. 따라서 전지 성능 향상을 위해서는 음극에서의 원할한 리튬 삽입 및 탈리 반응을 고려한 설계가 중요하다.

표 2.1에 대표적인 음극활물질들의 주요 특성들을 정리하여 나타내었다.

표 2.1 음극활물질의 주요 특성

재료	이론용량 (mAh/g)	유효용량 (mAh/g)	평균전위 (V)	진밀도 (g/cc)
리튬금속	3800	-	0.0	0.535
흑연	372	~ 360	~ 0.1	2.2
코크스	-	~ 170	~ 0.15	〈 2.2
실리콘	4200	~ 1000	~ 0.16	2.36
주석	790	~ 700	~ 0.4	7.30

2.2. 음극활물질의 종류

2.2.1. 리튬금속

리튬금속은 높은 이온화 경향, 체심 입방정(body centered cubic: bcc)의 결정구조, 및 0.76 Å의 원자 반경을 가진다. 또한 리튬금속은 작은 원자량(6.941), 낮은 밀도(0.534 g/cc), 낮은 표준 전극전위(- 3.04 V_{SHE})로 인하여 약 3,860 mAh/g의 매우 높은 비용량을 가진다. 그러나 리튬금속은 용융온도가 180.54 ℃로 대체로 낮고 앞에서 언급한 바와 같이 리튬 수지상 성장에 의한 전지의 내부 단락 등에 따른 안전성의 문제로 아직까지 음극재로 상용화되지 못하고 있다. 최근에는 리튬금속의 표면을 고분자 또는 무기물 피막 등 전기화학적으로 안정한 물질로 피복하여 표면을 안정화시키려는 연구가 진행되고 있지만, 수분 노출에 의해 발생할 수 있는 폭발적인 반응의 위험성, 전극 제조 공정상에서의 어려움 등으로 인하여 상업화를 위해서는 아직 해결해야 할 문제점들이 많이 남아 있다.

그러나 상기의 문제점들을 해결할 경우 리튬금속은 가장 높은 에너지 밀도를 얻을 수 있는 장점을 지니고 있어 지속적으로 연구할 만한 가치가 있는 재료이다. 최근에는 기업을 중심으로 부분적으로 리튬금속을 적용하려는 시도가 진행되고 있다. 즉 음극의 초기 비가역성을 감소시키기 위하여 리튬금속을 전지내부에 일부 첨가시킴으로써, 초기 충전반응에서 리튬금속이 먼저 반응하여 음극의 비가역 용량을 보상하기 위한 시도를 하고 있다. 더욱이, 음극뿐만 아니라 양극에서도 외부로부터 첨가한 리튬금속이 양극이 소모되는 부분을 대신할 수 있다. 이에 따라 양극의 가역용량을 증가시켜 전지의 용량을 높이는 것에도 기여하게 된다.

2.2.2. 다양한 탄소소재

2.2.2.1. 탄소재 개요

1) 탄소원자의 결합 양식

탄소는 주기율표상 4족에 속하는 원자번호가 6번인 원소이다. 탄소 원자의 6개의 전자는 원자핵 가까이에 있는 K궤도(1s궤도)에 2개, 그 외각의 L궤도에 4개(2s궤도에 2개, 2p궤도에 2개)가 배열되어 있다. 최대 8개의 전자가 들어갈 수 있는 L궤도에 4개의 전자가 존재하므로 인접한 탄소원자와 다양한 공유결합을 형성하므로 다양한 동소체가 존재할 수 있다. 또한, 원자번호가 작아 가볍고, 전자구름의 넓이가 좁아 인접 원자간 결합거리가 짧으므로 결합력이 강하다. 주기율표 4족인 Si나 Ge에 비해 탄소동소체의 융점과 비점이 높은 것은 이 때문이다[2]. 탄소원자가 다른 원자와 공유결합한 경우에는 L궤도에 존재하는 4개의 전자가 혼성궤도를 형성한다. s궤도 1개와 p궤도 3개의 혼성에 의한 sp^3혼성궤도, s궤도 1개와 p궤도 2개의 혼성에 의한 sp^2혼성궤도, 그리고 s궤도 1개와 p궤도 1개의 혼성에 의한 sp 혼성궤도가 이에 해당한다. 그림 2.2에 다양한 혼성궤도에 따른 결합형태를 나타내었다[2]. sp^3혼성궤도는 탄소원자의 2s, 2p 궤도에 있는 4개의 전자 모두가 4개의 σ결합 형성에 사용된다. sp^2혼성궤도에는 2s전자 1개와 2p전자 2개가 3개의 σ결합을 형성하고, 나머지 1개의 전자는 π결합을 형성한다. sp혼성궤도는 2s 전자 1개와 2p전자 1개가 2개의 σ결합을 형성하고, 나머지 2개의 전자는 2개의 π결합을 형성한다. sp^3혼성궤도는 정사면체의 각 정점방향(109.5°), sp^2혼성궤도는 정삼각형의 각 정점방향(120°), sp혼성궤도는 직선적(180°)인 배열이다.

π전자는 sp^2혼성궤도에서 평면의 상하에 배열되어 있으며, sp혼성궤도에서는 도넛(doughnut)형태로 배열되어 있다. 유기화학적인 표현을 빌리면, sp^3혼성은 탄소-탄소 단일결합(C-C), sp^2혼성은 탄소-탄소 이중결합(C=C), sp혼성

에서는 탄소-탄소 삼중결합(C≡C)이라 불린다. 결합차수가 많아짐에 따라 각 결합의 해리에너지는 커지고, 결합거리는 감소하는 경향이 있다. 탄소의 결합차수에 따른 결합해리에너지 및 결합거리를 표 2.2에 나타내었다.

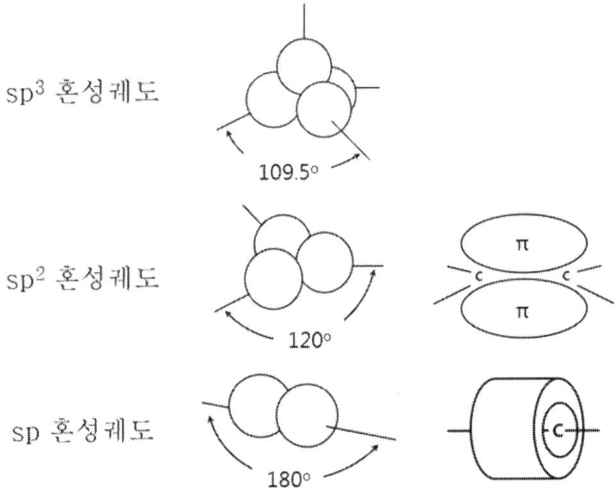

그림 2.2 다양한 혼성궤도에 따른 결합형태.

표 2.2 탄소의 결합차수에 따른 결합해리에너지 및 결합거리

화합물	결합해리 에너지(kcal/mol)	결합거리(□)
H_3C-CH_3	88	1.53
$H_2C=CH_2$	163	1.34
$HC \equiv CH$	198	1.21

2) 탄소 동소체

위와 같이 탄소 원소는 여러 결합 구조를 갖으며, 그 구조에 따라 다양한 동소체가 존재한다. 대표적인 탄소 동소체로서 sp^3혼성궤도(C-C 결합)로 이루

어진 다이아몬드, sp^2혼성궤도(C=C 결합)로 이루어진 흑연, sp혼성궤도(C≡C 결합)로 이루어진 카빈(carbene) 등이 있으며, 이를 그림 2.3과 표 2.3에 나타내었다.

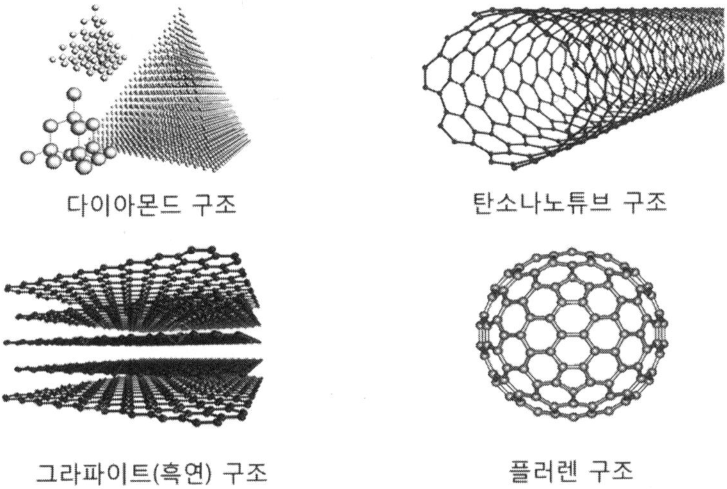

그림 2.3 대표적인 탄소동소체의 종류.

표 2.3 결합종류에 따른 대표적인 탄소동소체의 종류

결합 종류	배위수	대표적 탄소동소체
sp^3	4	다이아몬드(입방정체, 육방정체, 표면체정) 다이아몬드 다형체(6H, bc-8) DLC(diamond like carbon)
sp^2	3	흑연(육방정, 표면체정) 탄소나노튜브(carbon nanotube; CNT) 그래핀(graphene) 풀러렌(fullerene; C60, C70)
sp	2	카빈(carbene; polyyne, cumulene)

ㄱ. 다이아몬드

다이아몬드란 1개의 탄소원자가 4개의 탄소원자와 모두 공유결합을 해 결정을 만들고 있는 탄소재료로서 이동하는 전자가 없어 전기가 통하지 않는다. 화학조성은 탄소 외에 주요 불순물로서 질소 및 알루미늄이 함유되어 있다. 다이아몬드형의 결정구조를 가지며, 격자 상수는 a_0=3.56688±0.00009 Å (25 ℃)로 단위 격자 중에 8개의 탄소원자를 함유한다. 쪼개짐은 [111] 면에 완전하고 밀도 3.51524g/cm^3(25℃), 굳기는 10으로 지구상에서 가장 단단한 물질이다.

ㄴ. 흑연

탄소 육각고리가 평면적으로 무한히 연결된 평면형 거대분자(폴리센)가 층을 이루어 포개어진 것으로서, 층상구조로 인해 유연하고 활성이 있으며, 쪼개지기 쉽지만 거대분자 이므로 반응성은 작다. 그리고 이들 탄소평면 사이에는 van der waals힘으로 연결되어 있어서 그 간격은 탄소원자 사이의 14.2 nm에 대하여 35.3 nm로 비교적 넓어 이 층 사이에 다른 원자가 끼어든 이른 바 삽입화합물을 만들 수 있다. 이러한 흑연 재료는 특유의 윤활성, 내열성, 내식성, 전기전도도, 열전도도, 가공성 등 여타 재료에서 얻을 수 없는 특성을 지니고 있어 전극, 내화물, 주축 등 고온 구조 재료와 특수 기계부품, 인조 다이아몬드 원료, 원자로용, 반도체, 생체재료, 항공기 구조재, 전자 부품 소결용 지그 등 고기능, 고효율의 부품으로 각 분야에서 광범위하게 이용되고 있다[3].

ㄷ. 풀러렌

풀러렌은 흑연 조각에 레이저로 처리하였을 때 남아 있는 그을음에서 발견한, 완전히 새로운 물질로서 주로 탄소 원소 60개가 축구공 모양으로 결합하여 생긴 탄소 클러스터 C_{60}을 말한다. 12개의 5원환과 20개의 6원환으로 이루어져 있으며, 각각의 5원환에는 5개의 6원환이 인접해 있는 형태를 가지고 있다. 지름 약 1 nm인 '나노의 축구공'을 형성하는데 풀러렌이라는 명칭은 이 구조와 같은 모양의 돔을 설계한 미국의 건축가 B. 풀러의 이름에서 유래된 것이다. '버키 볼(Bucky ball)'이라는 별칭으로도 불리는데, 이것 역시 그의 이름에서 따온 것이다. 1990년 W. 크래치머 등이 훗날 아크법으로 발전하는 풀러렌의 생성법을 발견한 이래, 이에 대한 연구가 활발해졌다. 압력 약 50~600 토르의 헬륨 가스 안에서 흑연을 전극으로 아크방전을 하여 생성한 주석의 유기용매(벤젠, 톨루엔 등) 추출로 얻어진다. 이 때 럭비공 모양의 C_{70}이나, 소량이기는 하지만 보다 사이즈가 큰 C_{76}, C_{78}, C_{82}, C_{90}, C_{94}, C_{96}과 같은 고차 풀러렌도 생성된다.

풀러렌(C_{60})을 원료로 하여 2개가 연결된 모양의 2량체(C_{120})나 풀러렌폴리머($(-C_{60}-)n$)도 합성되고 있는데, 이것은 가열을 하면 원래의 C_{60}으로 되돌아간다. 최근 알칼리금속을 도입한 금속풀러렌이 종래의 유기물 초전도체보다 높은 온도에서 초전도성을 나타내서 주목을 받고 있다. 또한 C_{60}에는 지름 0.4 nm의 공간이 있고, 고체 풀러렌에서는 보다 큰 공간이 있기 때문에 금속을 함유한 풀러렌도 만들 수 있다. 이것은 금속 원자를 혼합한 흑연을 전극으로 하여 아크방전 시 생성되는 것이다. 또한 대단히 높은 온도와 압력을 견뎌낼 수 있을 정도로 매우 안정하며 그 응용 분야가 아주 다양하다. 이로 향후 이러한 풀러렌의 특징을 활용한 윤활제, 공업용 촉매제, 초전도체, 축전지, 약품 전달매체 등으로 이용될 가능성이 높다.

ㄹ. 탄소나노튜브

1개의 탄소 원자가 3개의 다른 탄소 원자와 결합한 육각형 벌집 모양의 구조로서 원통처럼 말려 가늘고 긴 관을 형성한 물질을 말한다. 속이 비어 있어 가볍고 전기 전도도는 구리만큼 좋으며, 열전도는 다이아몬드만큼 우수하고 인장력은 철강에 못지않다. 원통형을 이루는 결합 구조에 따라 zig-zag(9,0)와 armchair(5,5)의 두가지 형태로 구분하며, 일부러 불순물을 넣지 않아도 튜브와 튜브가 상호 작용하면서 zig-zag형은 반도체로 armchair형은 도체로서 역할을 한다. 또한, 탄소나노튜브(Carbon nanotube: CNT)는 구조의 비등방성이 크며(직경: 수십~수백 nm, 길이: 수십~수백 ㎛), 또한 감긴 형태에 따라 도체, 반도체의 성질을 띠며 직경에 따라 에너지 갭이 달라지고, 준일차원적인 구조를 가지고 있어 특이한 양자효과를 나타낸다. 따라서 탄소나노튜브는 미시적 및 거시적인 측면에서 다양한 나노구조의 응용이 예상되는 신기능 재료이다.

3) 탄소의 구조

기계적, 열적, 화학적, 및 전자적 특성이 우수하다고 알려진 탄소재의 경우 일반적으로 육각망면의 적층체를 결정자로 하는 다결정체이다. 탄소재의 구조는 결정자의 크기, 적층 방법 및 형태 등에 의하여 결정되며 이러한 구조로부터 탄소재의 특성이 나타난다. 탄소재는 그림 2.4와 같이 화학결합, 기본구조, 미세구조 및 집합조직에 따라 구조적 다양성을 가진다.

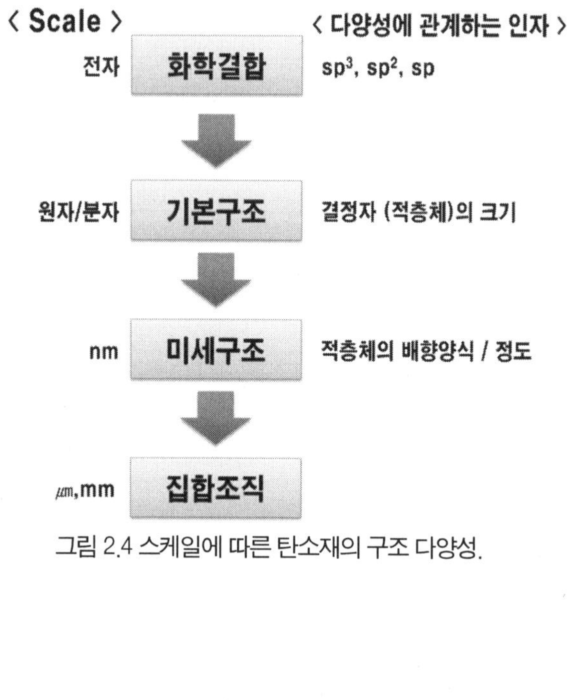

그림 2.4 스케일에 따른 탄소재의 구조 다양성.

ㄱ. 육각망면의 크기와 적층 방식

일반적으로 탄소재는 육각망면의 적층체를 결정자로 하여 이를 기본적 구조단위로 보며, 육각망면의 크기 및 적층의 두께가 탄소재 특성변화의 중요 매개변수이다. 원료에 의한 차이는 있지만 열처리온도는 탄소재의 결정자의 성장 및 배향에 가장 큰 영향을 주는 주매개변수이며, 이에 관하여 열처리 온도에 따라 결정자가 성장되고 배향성이 향상되는 March-Griffths의 탄화 흑연화 모델을 그림 2.5에 나타내었다.

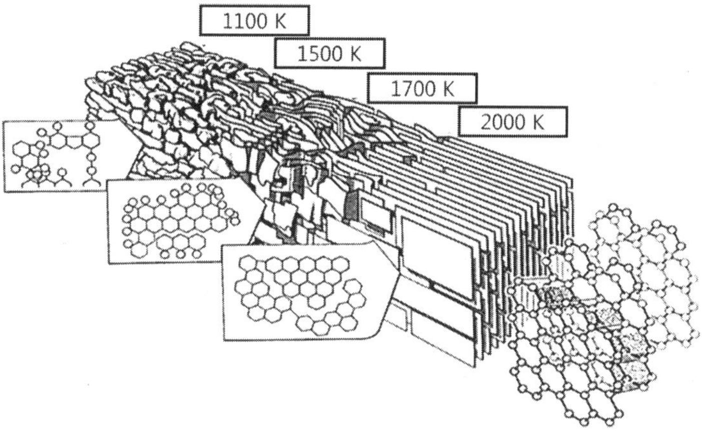

그림 2.5 March-Grifttiths 탄화/흑연화 모델.

ㄴ. 결정자의 배향성

결정자가 집합해서 형성된 미세구조의 차이는 그림 2.4에서와 같이 원자/분자 크기의 결정자가 모여서 nm의 크기로 배향되어 나타난다. 이 때, 그림 2.6에 나타낸 바와 같이 배향성에 따라 일반적으로 배향성이 우수하지 않은 탄소재의 경우 turbostratic 구조를 갖게 되고, 배향성이 우수한 경우 육각망면이 층상으로 적층된 흑연구조를 갖게 된다. 천연 흑연의 경우 육각망면이 π결합으로 적층되어 이방성을 띄며, 이러한 구조 특성으로부터 망면 방향으로의 전기전도도는 망면에 수직한 방향으로의 전기전도도에 천배 이상인 특징이 있다. 이와 유사하게 육각망면에 의한 평면구조를 기본으로 하는 결정자로 이루어진 탄소재 또한 흑연 구조로부터 유추할 수 있는 이방성이 존재한다. 따라서 결정자의 배향 방식 및 정도는 해당 탄소재의 물성과 관련되며, 배향의 정도가 높은 이방성 탄소재의 경우 일반적으로 기계적, 전기적 및 광학적 특성에 있어 우수한 성능을 나타내지만 배향이 무질서한 등방성 탄소의 경우에는 그 성능이 상대적으로 낮다. 또한, 결정자의 배향 방식 및 정도는 탄소재의 형상에 영향을 주는 경우가 많다. 이러한 결정자의 배향형식에 관하여 배향의 기준을 그림 2.7에 3차원적으로 정리하여 나타내었고, 망면이 있는 기준면을 따라 한 줄로 늘어서는 면배향, 기준축에 따르는 축배향 및 기준점을 중심으로 늘어서는 점배향의 각 조직으로 분류하였다.

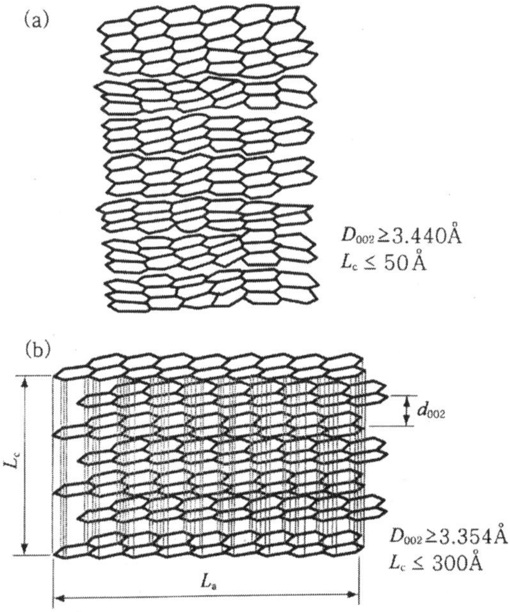

그림 2.6 (a) carbon turbostratic 구조와 (b) 흑연 구조.

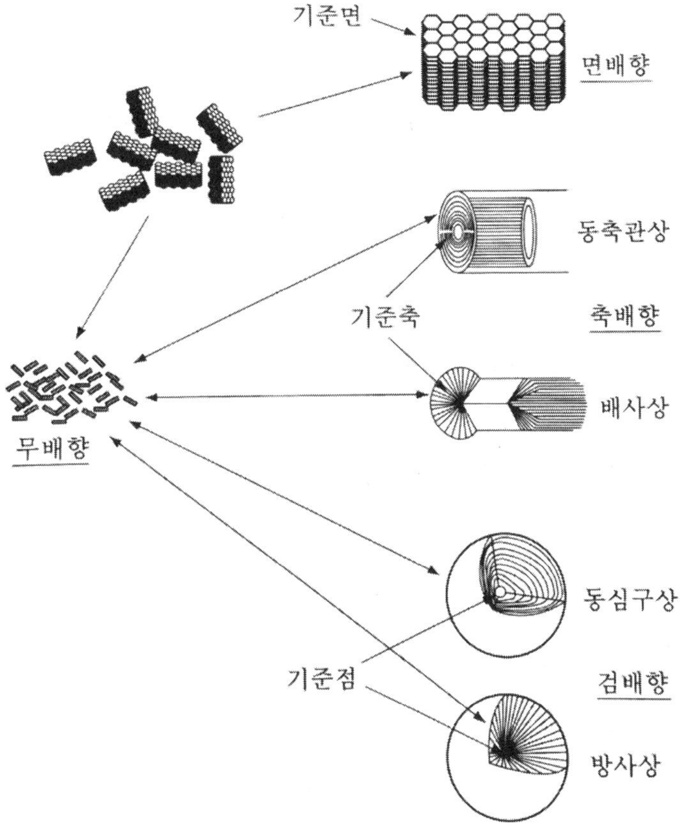

그림 2.7 탄소재의 결정자 배향형식에 따른 분류.

ㄷ. 집합조직

탄소재의 집합조직은 상술한 각각의 조직(적층체 또는 결정자, 배향된 결정자)을 집합시키는 것으로서, 보다 큰 스케일(㎛~mm)로 집합조직의 다양성을 갖는다. 대표적 예로, 탄소섬유를 수지 등과 복합화해서 만든 탄소/탄소 복합재(C/C composite)가 그 일례이며, 이때 기공의 제어 또한 중요하다.

2.2.2.2. 탄소재의 중간 원료

1) 피치(Pitch)

피치는 목재 및 석탄의 건류 과정에서 생기는 타르 또는 석유 잔사유 등을 열처리를 통하여 중축합한 것으로 상온에서 고체상태인 물질이다. 일반적으로 수많은 탄화수소 화합물로 구성되어 있기 때문에 정확한 분자량의 측정이 어려운 것으로 알려져 있다. 피치는 헥산, THF, 벤젠, 톨루엔 및 퀴놀린등을 사용한 용매추출법(solvent extraction)을 통하여 분자량 분포를 측정하고, 이로부터 피치의 특성을 판단하며, α-resin(퀴놀린 불용분), β-resin(톨루엔 불용분이며 퀴놀린 가용분) 및 γ-resin(톨루엔 가용분)으로 분류된다. α-resin의 경우에는 바인더 피치의 고정탄소분율 향상 및 고온 열처리 시 저분자량화합물의 휘발 경로를 제공해주는 역할을 하는 고체상 물질로 알려져 있고, β-resin의 경우에는 바인더 피치의 점결성 향상에 영향을 주는 것으로 알려져 있으며, γ-resin의 경우에는 저분자량화합물이 주를 이루며 피치의 연화점에 영향을 미치는 것으로 알려져 있다[4-9].

이러한 피치는 그 전구체에 따라 석탄계 피치와 석유계 피치로 구분되고, 미결정자의 배향성에 의하여 광학적 이방성 및 등방성 여부에 따라 이방성 피치와 등방성 피치로 구분된다.

ㄱ. 석탄계 피치

석탄의 건류 과정에서 생성된 콜타르를 증류하여 경질유분을 유출시킨 후의 생성물을 스트레이트 피치라고 하는데 바인더로 사용하는 피치는 아트라센유, 타르 등을 첨가하여 가압 조건에서 중축합하여 제조한다. 석탄계 피치는 연화점에 따라 연질 피치(〈75 ℃), 경질 피치(70~85 ℃), 및 중질 피치(〉85 ℃)로 분류된다. 석탄 피치는 주로 제강용 전극을 위주로 한 인조 흑연 혹은 알미늄 제련용 전극 등의 성형 탄소재의 점결제 외에도 피치코크스의 원료 및 주물용 모래의 배합 등에도 사용된다. 해당 석탄계 피치의 대표적인 특성을 표 2.4에 나타내었다.

표 2.4 종류 및 용도에 따른 피치의 특성

종 류	용 도	연화점 (℃)	고정탄소 (%)	용제분별 (%)	
				BI*	QI*
석유계	함침용	77	36.3	2.5	0
석유계	전극용	92	53.7	32.5	5.5
석유계	제철코크스용	215	60.0	56.0	21.5
석탄계	스트레이트용	67	50.5	16.1	3.9
석탄계	전극용	86	55.1	31.2	5.1

* BI: Benzene insoluble content, QI: Quinoline insoluble content

ㄴ. 석유계 피치

원유의 감압증류잔사유, 유동상 접촉분해 잔사유, thermal caracker로부터의 bottom 또는 납사의 증류에서 생기는 에틸렌타르 등이 원료로 사용된다. 이 원료를 열처리하여 중축합한 것을 석유계 피치라 하며, 이러한 열처리의 주 목적은 탄화 수율을 높이기 위함이다.

석유계 피치의 제조법으로는 감압증류잔사를 열중합하여 제철용 코크스 바인더를 얻는 것을 주 목적으로 하는 유리카프로세스, 원유를 원료로 하여 가장 경질유분인 분해 가스부터 가장 중질성분인 피치까지의 모든 성분을 유효하게 이용하려는 수증기 분해 프로세스 등이 있다.

ㄷ. 이방성 피치(메조페이스 피치)

유기화합물 또는 다종의 복잡한 유기화합 혼합물인 피치 등을 상압에서 가열하면 400 ℃ 부근에서 일부는 열분해되어 저분자량화합물로 전환이 되며 증기압이 상대적으로 높은 성분은 증발되어 제거된다. 동시에 활성화된 분자는 라디칼 반응을 통하여 환화, 방향족화, 중축합 고분자화되어 탄소체를 생성한다. 이 때 생성되는 중간체의 구조 및 반응속도가 결정자 형상에 영향을 주어 생성되는 탄소체의 성질을 결정하는데 중요한 요소가 된다. 이러한 과정에서 탄소체는 액상에서 고상으로 변화하는데 이 중간 단계에서 생성되는 액정상을 메조페이스(mesophase)라고 한다. 또한 이렇게 생성된 메조페이스의 거동이 탄소체의 배향성에 영향을 미치며, 더 나아가 이방성 조직 형성을 결정한다. 이방성 피치의 조직은 다환방향족 분자가 적층된 메조페이스 소구체가 생성이 되고 성장, 합체되는 단계를 거쳐 최종적으로 전체가 이방성을 갖는 벌크메조페이스가 생성되는 순서로 발달이 된다. 생성된 이방성 피치는 편광현미경에 의해 광학적 이방성으로서 식별되며, 조직이 형성되는 각 단계의 편광현미경 사진을 그림 2.8에 나타내었다. 또한, 메조페이스 소구체가 성장될 때의 광학조직 형성과 크기에 관하여 그림 2.9에 나타내었다.

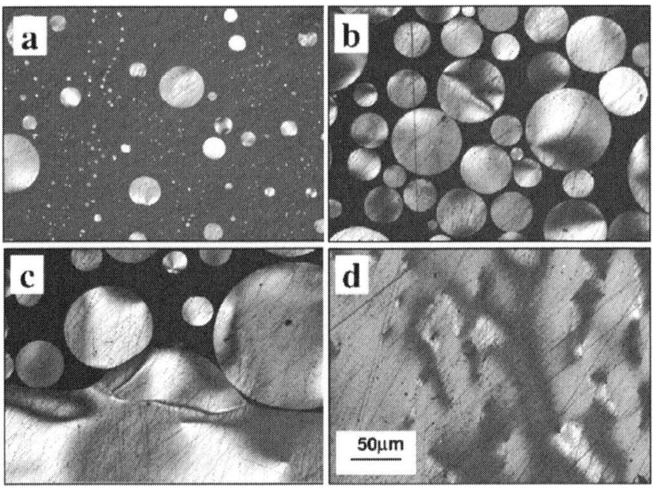

그림 2.8 메조페이스 피치의 성장 과정 (a) 메조페이스 소구체 형성, (b, c) 메조페이스 소구체의 성장, (d) 벌크메조페이스피치

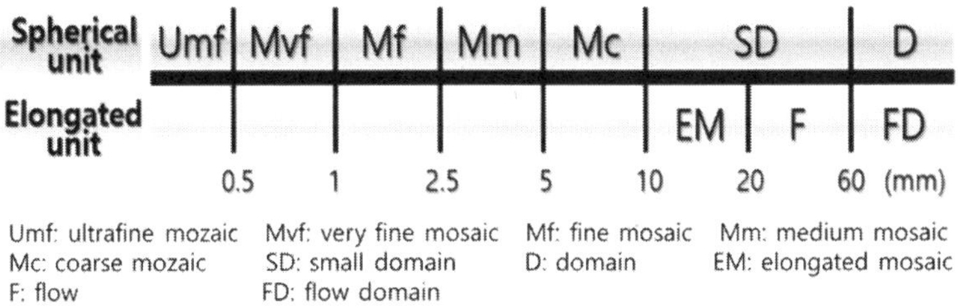

그림 2.9 메조페이스 피치 광학조직의 형상과 크기의 분류.

ㄹ. 바인더 및 함침용 피치

인조흑연 전극봉을 제조하기 위해서 점결력이 없는 침상코크스를 첨가재(filler)로 사용하기 때문에, 이들 입자간의 결합력을 확보하여야 할 필요가 있다. 바인더 피치는 이들 결합재로서 사용되며, 바인더 피치에 요구되는 물성에는 낮은 1차 QI(quinoline insoluble) 등의 유리 탄소분의 함량 및 높은 비중, 용매 불용분 함유, 방향족성 및 탄화율 등의 특성이 요구된다. 그러나, 일반적으로 피치류는 수천 종의 유기 화합물의 혼합물로서 탄소화와 같은 열처리 과정에서 각각의 거동 및 코크스 등과의 상호작용 등이 서로 다르므로 표 2.5에 나타낸 바와 같이 평균적인 특성치로 관리되고 있다.

표 2.5 바인더 피치의 대표적인 특성치

특성 항목	특성치 범위
연화점 (℃)	80-110
비중 (25℃)	1.28-1.32
탄화수율 (%)	55-65
Benzene insoluble fraction(%)	30-35
Quinoline insoluble fraction(%)	10-16
C/H Atomic ratio	1.70-1.85
500 cp시의 온도 (℃)	150-180

바인더 피치와 같은 중질유들은 탄소화 등의 열처리 과정에서 액상탄소화 반응을 거치게 되며, 탄소화 초기과정인 500 ℃ 이하의 열처리 과정에서 대부분의 이방성 조직 및 탄소체로서의 특성이 결정되는 특징을 가지고 있다. 다시 말해서, 중질유를 열처리할 경우에 중질유내의 활성성분은 열분해 과정 동안 발생되는 라디칼(radical) 등에 의한 중축합 반응에 의하여 육각 환상구조를 기본구조로 하는 액정상태의 메조페이스(mesophase)를 형성한다. 이러한 액정상태는 결정자들이 층상 구조를 형성함으로써 기본적으로는 흑연의 결정구조와 유사한 결정구조를 형성하게 되며, 이러한 액정상태가 크게 발달할수록 흑연화성이 우수한 원료로서 평가하게 된다. 인조흑연 제조시에 사용되는 바인더 피치는 주로 석탄계 중질유가 사용되고 있으며, 첨가재인 코크스 표면과의 젖음성(wettability), 탄화수율 및 이방성 조직 발달 등의 특성이 선정의 주요인자가 되고 있다. 한편, 정밀가공 등이 요구되는 재료 등의 경우에는 비교적 미세한 입자를 사용하게 되며, 형틀을 이용한 성형방식의 경우에는 압출 성형방식에 비하여 보다 많은 양의 미세입자의 배합이 가능하다.

2) 코크스

일반적으로 인조흑연 전극제조에 사용되는 원료 코크스는 제조하고자 하는 전극의 요구특성을 만족시킬 수 있도록 선정되어야 하며, 초고부하용(UHP) 전극 제조용 원료에는 대부분 침상 코크스(needle coke)가 사용되고 있다. 침상 코크스의 원료로서는 주로 석유계 중질유와 석탄계 중질유가 사용된다. 석유계 침상 코크스의 경우, 석유 잔사유를 촉매 분해시켜 경질유를 제조하는 과정에서 부산물로 얻어지는 중질유인 유동촉매크래킹 디캔트 오일(fluid catalytic cracking decant oils, FCC-DO)유가 주로 사용되며, 석탄계 침상 코크스의 경우에는 고로 제철법을 이용한 제철소의 코크스 제조과정에서 부산물로 얻어지는 coal tar를 원료로 사용하게 된다. 이러한 제조원료들은 코크스를 제조하기 위한 지연 코킹 시스템(delayed coking system)에 이용되며, 코크스 제조공정은 우선, 원료유(feedstock)를 예비히터(preheater)를 이용하여 일정한 온도로 가열하고, 가열된 원료유를 압송펌프를 이용하여 예열된 코킹 챔버(coking chamber)내에 공급한다. 반응기내에 투입된 원료유는 열분해 및 중축합 반응을 통하여 가스 및 오일성분을 반응기 위로 배출하게 되며, 반응물은 반응기내에서 거대 분자화가 이루어짐으로써 고형물로 잔류하게 된다. 잔류 고형물은 일정시간 동안의 열처리 과정에서 불용한 코크스로 전환되며, 반응과정에서의 원료 공급속도, 반응압력, 반응온도 등의 조절을 통하여 코크스의 품질제어를 행하는 것이 보통이다.

지연 코킹 시스템을 이용하여 제조되는 침상코크스는 내부에 상당량의 휘발분 및 저분자량 성분을 함유하고 있으므로, 그대로 인조흑연 전극봉의 제조원료로서 사용할 수 없다. 따라서, 제조된 원료 코크스는 로터리 킬른(rotary kiln) 등을 이용하여 하소처리를 행하여야 한다. 생코크스는 하소처리 과정에서 부분적인 조직의 발달 및 수축이 일어남으로써 침상조직의 발달을 유도하기도 한다.

이와 같은 과정을 거쳐 제조된 원료 코크스는 코크스의 제조원료 및 제조조건 등에 따라 다양한 특성을 나타내게 된다. 즉, 제조하고자 하는 제품의 특성에 따라 적절한 원료를 선택하게 된다. 일반적인 원료 코크스의 선택에 사용되는 침상 코크스의 물성은 석유계 코크스가 석탄계 코크스에 비하여 소성 후의 강도가 약간 높은 값을 나타내므로 파쇄 및 혼련 등의 과정에서의 분체화가 억제되는 경향이 있으나, 소성 및 흑연화 과정에서 이상팽창 현상을 나타내게 되므로, 이의 억제를 위한 첨가제의 사용 및 소성조건의 설정에 주의하여야 한다. 한편, 석탄계 코크스의 경우는 석유계 코크스가 갖고 있는 이상팽창 현상 등의 문제점이 없으나, 소성 및 흑연화 시의 승온속도가 석유계 코크스에 비하여 낮게 관리되어야 하며, 석유계 코크스보다 약간 높은 열처리를 필요로 하는 경향이 있다. 따라서, 최근에는 이들 원료를 적절히 혼합하여 상호간의 장점을 활용하려는 움직임이 나타나고 있으나, 원료수급 및 가격 등의 문제로 인하여 단일원료의 사용이 주류를 이루고 있다.

3) 소프트/하드 카본

흑연은 천연에도 존재하지만 인공적으로도 제조할 수 있어서 다양한 종류로 존재한다. 3,000 ℃ 이상에서 탄소전구체인 열분해 탄소를 열처리하면 결정화된 흑연을 만들 수 있다. 또한, 불활성 분위기에서 인조흑연 외에도 카본블랙, 활성탄소, 탄소섬유, 코크스, 유기전구체를 열처리하여 얻은 다양한 종류의 탄소재료가 있다. 여기서 탄소재료는 흑연화가 가능한 소프트 카본과 흑연화가 되지 않는 하드카본으로 나눌 수 있으며, 소프트 카본 중에서 열처리 온도가 낮아 흑연화가 일어나지 않은 탄소재료는 비정질이라고 부른다. 그림 2.10에 소프트 카본과 하드카본의 구조를 모식적으로 나타내었다[10].

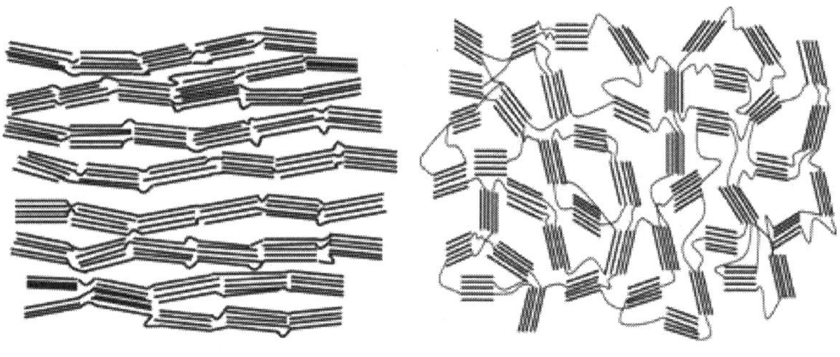

그림 2.10 (a) 소프트 카본과 (b) 하드카본의 구조.

소프트 카본은 결정립이 한 방향으로 이미 정렬되어있기 때문에 열처리를 통하여 쉽게 발달된 결정구조를 갖는 흑연구조를 얻을 있지만, 하드 카본은 결정립이 무질서하기 때문에 열처리 후에도 흑연구조를 얻기 어렵다.

앞서 언급되었듯이, 탄소재료는 출발원료나 열처리 조건 등에 따라서 특성이 크게 다른데, 이차전지에서의 음극특성은 탄소의 결정성, 배향성, 형상 등의 구조인자에 의해서 크게 좌우되는 것으로 알려져 있다. 그림 2.11은 소프트 카본과 하드 카본의 가용 용량이 열처리온도에 따라서 어떻게 변화하는 가를 나타내고 있다[10].

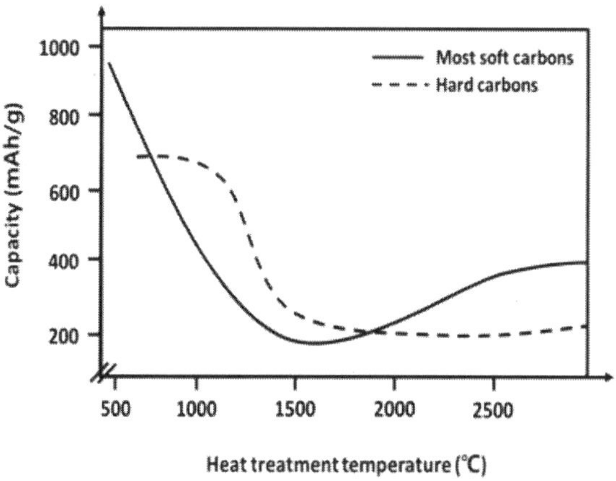

그림 2.11 열처리온도에 따른 소프트 카본과 하드 카본의 가용용량 변화.

소프트 카본은 1,000 ℃ 이하에서 열처리할 경우 매우 높은 용량을 나타내며, 1,600~1,800 ℃ 부근에서 최소값을 보이다가 2,500 ℃ 이상에서 열처리하면 흑연의 이론용량에 가까워진다. 한편 하드 카본은 1,000 ℃ 이하에서 열처리한 경우는 600 mAh/g 정도의 높은 용량을 보이나 열처리 온도가 높아질수록 용량이 감소하며, 2,000 ℃ 이상에서 열처리하면 흡착할 수 있는 자리와 미세공극이 감소하여 흑연화가 진행된 소프트 카본 보다 용량이 낮아지는 것을 알 수 있다. 상기에 언급된 것처럼 탄소의 성질이 다양하기 때문에 탄소재료를 개선하기 위한 연구가 계속적으로 수행될 필요성이 있다.

2.2.2.3. 흑연 기반 음극재

1) 흑연 기반 음극재의 특성

리튬이온전지가 상업적으로 사용되기 위해서는 높은 방전용량을 가지면서, 증가된 충/방전 속도에 따른 사이클 특성이 우수해야 한다. 리튬이온전지 음극재로 주로 사용되어온 흑연은 372 mAh/g의 이론적 용량을 갖지만, 상대적으로 낮은 층간간격을 가짐으로써 충/방전속도가 증가될 경우 리튬이온의 확산이 용이하지 못하여 사이클 특성이 크게 감소하게 된다. 이러한 현상에 의하여 흑연에 과전압이 걸리면서 리튬이온이 리튬으로 석출되어 고체전해질 계면(SEI) 층이 형성되고, 전해질이 분해되어 리튬이온의 비가역적인 반응이 증가된다. 따라서 흑연 기반 음극재의 방전용량 유지율 및 충/방전 속도에 따른 사이클 특성이 계속적으로 감소된다. 상기의 문제점을 해결하기 위하여 흑연에 촉매를 처리함으로써 리튬이온의 삽입이 용이하게끔 층간간격을 넓히고 리튬이온의 확산이 잘 이루어지도록 공극구조를 형성하고자 하였다.

그 예로, Deng 등은[5] 공극구조를 갖는 흑연(porous graphite, GMo)을 제조하기 위하여 흑연(1,500 g)을 $H_{24}Mo_7N_6O_{24}$용액(3,500 g, containing 8.85 g of $H_{24}Mo_7N_6O_{24}$)에 넣고 1 h 동안 교반 하였다. 180 ℃에서 혼합물을 열처리하여 용매를 제거시킴으로써 고상 입자형태로 샘플을 얻었다. 이후, 제조된 입자를 로(furnace)에 넣고 5 ℃/min의 승온속도로 900 ℃까지 열처리 한 후 0.2 mL/min의 유량으로 증류수를 로에 넣어주면서 15 h 동안 입자와 반응시켰다. 이후에 반응온도를 실온까지 온도를 낮추어 공극구조를 갖는 흑연을 얻었다. 이를 제조하기 위하여 사용되었던 흑연은 초기질량대비 12.1%의 감소가 있었지만 이러한 반응을 통하여 3.36 Å의 증가된 층간간격 및 1.9 m^2/g으로부터 10.1 m^2/g까지의 약 5배 정도 증가된 비표면적을 가질 수 있었다. 이에 따른 공극구조를 갖는 흑연의 형상 및 충방전 곡선, 사이클 안정성을 그림 2.12에 나타내었다.

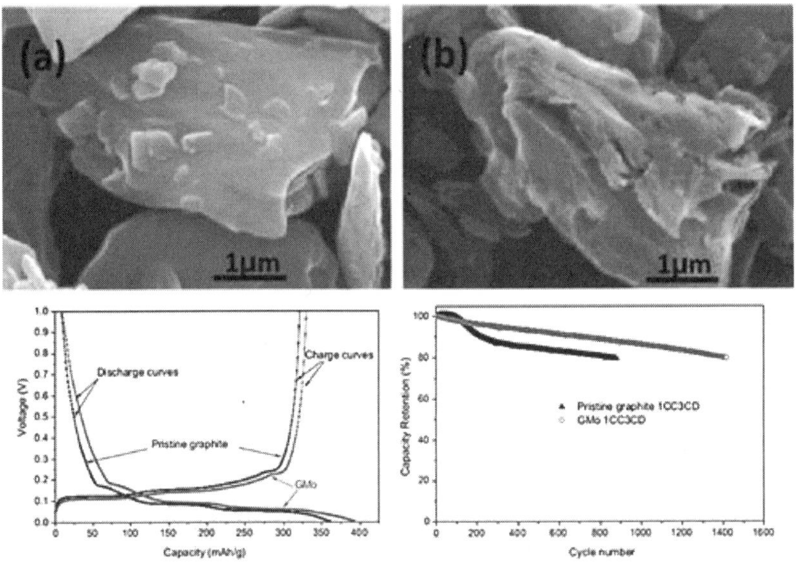

그림 2.12(a) 흑연, (b) 다공성 흑연의 SEM 이미지 및 충방전 곡선, 사이클 안정성[11].

이를 활용한 음극재는 1C부터 6C까지 충전 속도가 증가됨에 따라서도 1,400 사이클 이후에 방전용량 유지율이 80% 이상으로 나타나는 것으로 보여주었다. 반면, 미처리된 흑연은 5C의 충전속도에서 500 사이클 이후에 방전용량 유지율이 60% 이하로 떨어지는 것으로 확인되었다.

이 밖에도, Okamoto 등은[5] 흑연에 리튬이온을 삽입하여 흑연 층간 혼합물(graphite intercalation compounds: GICs)을 제조하였다. 흑연의 층간간격에 따라 리튬이온의 층간 삽입 전위가 다르게 나타내는 것을 보였으며, 이를 그림 2.13에 나타내었다.

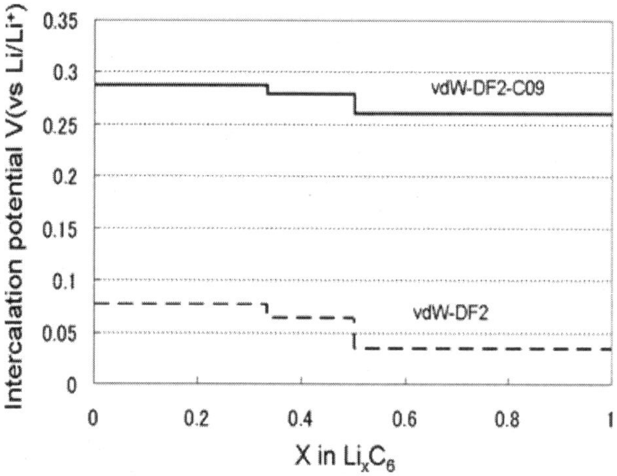

그림 2.13 리튬 이온의 벌크 흑연으로의 삽입 시 포텐셜 변화 [5].

컴퓨터 시뮬레이션을 통하여 만들어진 흑연 샘플들 중, vdW-DF(van der waals-density functional theory)2 및 vdW-DF2-C09의 층간간격은 각각 3.52 및 3.28 Å을 갖는다. 초기 리튬이온 층간 삽입 전위는 vdW-DF2 및 vdW-DF2-C09에서 각각 0.08 및 0.29 V으로 얻어진 것을 확인하였는데, vdW-DF2의 층간간격은 vdW-DF2-C09와 비교하여 상대적으로 넓은 층간간격을 가짐으로써 리튬이온 층간 삽입 전위가 낮게 얻어지는 것을 알 수 있었다. 전위는 리튬이온이 흑연의 층간간격으로 삽입되기 위한 에너지를 의미하기 때문에 그 전위가 낮은 값을 가질 경우 리튬이온의 삽입이 더욱 용이함을 알 수 있었다.

Mandeltort 등은[6] 리튬원자가 흑연에 삽입되는 과정을 활성화 에너지를 통하여 나타내었으며, 이를 그림 2.14에 보여주었다.

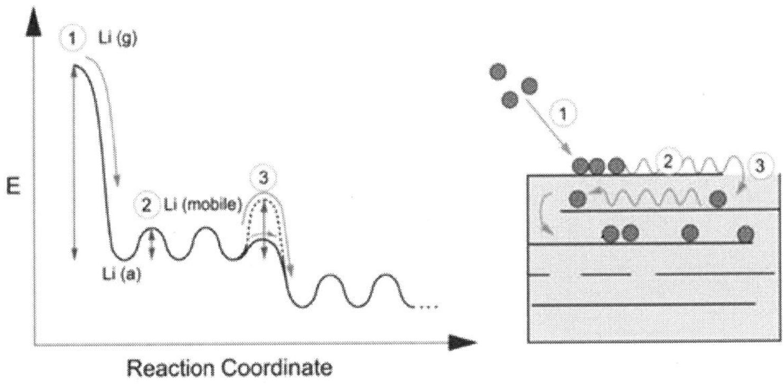

그림 2.14 리튬 이온의 확산 및 에너지 장벽.

초기에 리튬원자가 흑연의 기저면과 만났을 때 흡착에너지에 의해 안정하게 되고, 흑연의 기저면을 통하여 리튬원자가 이동하게 된다. 이후, 리튬원자가 흑연의 에지(edge)부분과 만나게 되어 흑연의 에지면으로 삽입이 일어나는 시점에서 높은 활성화 에너지를 가지면서 확산이 이루어지게 된다. 에지 부분에서의 발생되는 장벽에 의해 리튬원자의 확산이 제한되는 것을 보여주었다. 이러한 결과를 통해 흑연에서 리튬원자가 확산되는데 가장 중요한 부분은 흑연의 에지부분에서 발생되는 장벽에 의한 것임을 알 수 있었다.

Shim 등은[7] 실온에서 KOH를 사용하여 흑연 표면개질을 실시하였다. 그에 따라 표면이 개질된 흑연은 에칭이 발생되어 ~ 1 ㎛ 이하의 나노크기의 기공이 형성된 것이 주사형 전자현미경(SEM)의 분석결과를 통하여 관찰되었다. 이러한 나노크기의 기공을 갖는 흑연은 리튬이온의 이동이 용이해짐에 따라 2.5C의 충전속도에서 100 사이클 이후에 방전용량 유지율이 약 96.7%으로 매우 안정적인 사이클 특성을 보이는 것을 알 수 있었다. 반면, 에칭되지 않은 흑연은 2.5C의 충전속도에서 100 사이클 이후에 방전용량 유지율이 약 48.75%으로 급격하게 감소가 발생되는 것을 확인하였다.

Lin 등은[8] 천연흑연에 과염소산을 층간 삽입제 및 산화제로 사용하여 약하게 팽창된 흑연을 제조하였다. 팽창된 흑연은 미처리된 천연흑연에 비해 비표면적이 4 m^2/g으로부터 36 m^2/g으로 증가되었으며, 입자크기는 22.4 μm부터 42.7 μm으로 증가되는 것으로 확인되었다. 이때 부피는 0.97 mL/g부터 3.89 mL/g으로 팽창되는 것으로 나타났다. 팽창된 흑연은 천연흑연에 비해 그 층간간격이 0.3356 nm에서 0.3358 nm으로 증가되었으며, 이러한 구조적 변화를 통하여 팽창된 흑연은 0.2C에서 초기 충전용량이 429.4 mAh/g으로 나타났으며, 초기효율은 84.4%으로 나타났다. 이때 천연흑연은 초기 충전용량이 362.5 mAh/g이며, 초기효율은 91.3%이었다. 또한, 충전속도가 1.6C로 증가되었을 때 팽창된 흑연은 충전용량이 260 mAh/g으로 얻어졌으며, 이는 미처리된 흑연과 비교하여 약 두 배 정도 증가된 값을 보였다. 이러한 결과를 통해 천연흑연이 팽창됨에 따라 증가된 공극률과 층간간격이 리튬이온의 흡착 및 이동을 더욱 용이하게 하였으며, 이에 따라 초기충전용량뿐만 아니라 증가된 충전속도에서도 높은 충전용량이 얻을 수 있음을 보여주었다.

Roy 등은[9] 3차원의 탄소 폼/실리콘 복합체를 리튬이온전지의 음극재로 사용하였다. 탄소 폼(carbon foams)은 아르곤분위기에서 멜라민 포름알데히드(melamine formaldehyde) 폼을 사용하여 10 ℃/min의 승온속도로 1,000 ℃에서 2 h 동안 열처리를 통하여 제조되었으며, 탄소 폼의 방전용량을 높이기 위하여 실리콘 나노 입자를 담지 하였다. 더욱이, 실리콘 나노 입자의 전기화학적 특성을 향상시키기 위하여 실리콘에 폴리아크릴로나이트릴(polyacrylonitrile, PAN)을 코팅하여 탄소 층의 형성 및 전기화학적 활성도를 높이기 위한 질소원소를 도입하였다. 탄소 폼/탄소 코팅된 실리콘은 실리콘이 11.1 wt% 첨가되었을 때 0.1C의 충전속도에서 초기방전용량은 2,103 mAh/g으로 얻어졌으며, 30 사이클 이후에도 방전용량이 1,964 mAh/g으로 나타남에 따라 용량 유지율은 약 92.5%으로 안정적인 사이클 특성을 갖는 것을 확인하였다. 이러한 결과는 탄소 폼이 실리콘의 부피팽창을 억제시켜줄 뿐만 아니라 실리콘을 PAN으로 탄소코팅 함에 따라 실리콘의 부피팽창 억제 및 질소원소가 도입됨으로써 더욱 안정적인 방전용량 유지율을 나타내는 것을 보여준다.

또한 Lim 등은[12] 리튬이온전지의 음극재로 흑연 폼(graphite foams)의 분말을 사용하였다. 흑연 폼 분말은 흑연(0.3354 nm)에 비해 다소 넓은 0.3375 nm의 층간간격과 56%의 높은 공극률을 갖는다. 이러한 물리적 특성을 갖는 음극재는 0.2C의 충전속도에서 초기방전용량이 359.9 mAh/g으로 얻어졌으며, 30C로 충전속도를 증가함에도 방전용량이 345.3 mAh/g으로 그 유지율이 92%로 나타남에 따라 충전속도의 증가에 따른 방전용량이 안정적으로 유지되는 것을 확인하였다.

Wu 등은[13] 과립형의 천연흑연을 제조하고 등방성 탄소 전구체를 탄소 코팅재로 사용하여 등방성 탄소가 코팅된 천연흑연을 제조하였으며(그림 2.15), 이를 리튬이온배터리의 음극재로 사용하였다. 과립형의 천연흑연은 초미세 흑연입자, 폴리비닐알코올(polyvinylalcohol, PVA) 및 증류수를 볼밀을 통하여 400 rpm으로 12 h 동안 혼합한 후에, 분무액 과립화(spraying granulator)기를 사용하여 혼합용액을 분사하면서 즉각적으로 건조하였으며, 순차적으로 아르곤 분위기에서 2,800 ℃로 3 h 동안 열처리하여 제조하였다.

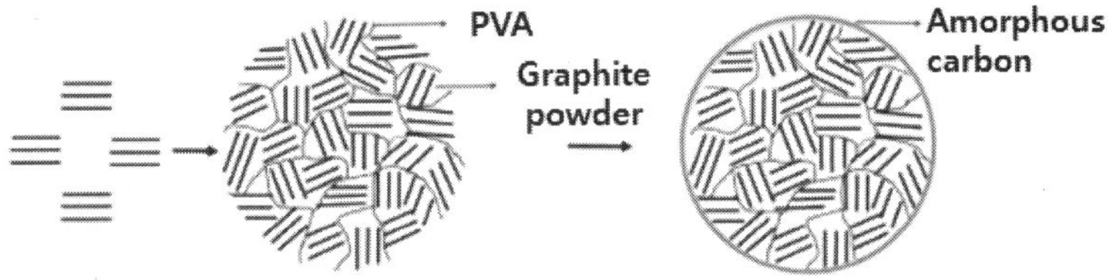

(a)

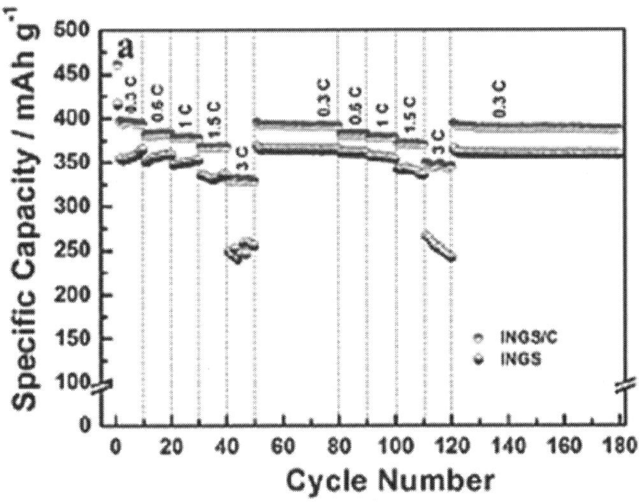

(b)

그림 2.15 (a)등방성 탄소 코팅 천연 흑연의 개략도 및 (b)율속특성 [13].

이후, 과립형의 천연흑연에 탄소코팅은 탄소전구체인 시트릭 엑시드(citric acid) 용액에 제조된 과립형의 천연흑연을 넣고 4 h 동안 교반하였으며, 공기분위기에서 12 h 동안 얻어진 혼합물을 건조한 후에, 순차적으로 질소분위기에서 900 ℃로 3 h 동안 열처리하여 실시하였다. 그 결과 과립형의 천연흑연의 비표면적은 14.218 m^2/g으로 얻어졌으며, 탄소 코팅된 천연흑연의 비표면적은 13.615 m^2/g으로 얻어짐에 따라 이 값은 탄소코팅으로 인하여 0.603 m^2/g의 비표면적이 감소된 것으로 확인되었다. 이 천연흑연은 우수한 출력성능을 보임에 따라서 3C의 충전속도에서 346 mAh/g의 방전용량이 얻어졌으며, 수 사이클이 진행되어도 안정전인 방전용량 유지율을 보이는 것을 확인하였다. 이처럼 탄소 코팅된 천연흑연은 발달된 비표면적을 가짐으로써 전해액의 침투가 용이하여 리튬의 삽입/탈리가 일어날 때 용량감소가 적게 일어났는데, 이에 따라 충전속도 및 사이클 수에 따라서도 안정적인 방전용량 유지율이 얻어지는 것을 보여주었다.

2) 불소화 흑연의 이차전지 음극재 특성

고체 전극의 표면에서 전기화학의 산화환원반응이 일어나기에, 표면구조는 전극의 성능을 결정짓는 중요한 요소이다. 따라서, 표면개질은 탄소를 포함하는 리튬이온 이차전지 전극의 전기화학적 특성을 향상시키는데 효과적이다. 한편, 전극특성은 결정성, 표면적, 공극도분포, 표면 화학적 관능기 등의 영향을 받는다. 이에 탄소재료의 전기화학적 특성을 향상시키기 위해 다양한 방법이 적용되었다. 대표적으로 표면 산화[14-16], 표면 불소화[17-22], 얇은 금속 코팅[23], 그리고 탄소 코팅[24-28] 등이 알려져 있다. 탄소재료의 산화반응은 표면에 나노채널(nanochanel)을 형성하여 용량을 향상시키는데 도움이 되지만, 강한 산화반응은 표면구조를 분해시켜 비가역 용량을 향상시킨다[14-16]. 또한, 탄소 코팅은 용량과 첫 번째 쿨롱효율을 향상시키는 효과적인 방법이다. T. Nakajima 등은 표면 불소화 된 천연흑연과 석유계 코크스[20,21]가 갖는 전기화학적 특성을 설명하였다.

ㄱ. 표면 불소화를 통한 천연흑연의 전기화학적 특성

(1) 불소화로 인한 천연흑연의 구성과 표면구조의 변화

평균 분자크기 7, 25, 40㎛ 를 갖는 천연흑연(각각 NG7, NG25, NG 40)을 이용하여, 150 ~ 500℃, 불소압(purity: 99.4-99.7%) $3\times10_4$Pa로 니켈반응기에서

표면 불소화반응[22,23,25]을 또한 동일한 천연 흑연 샘플을 CF_4[24,25]로 플라즈마 불소화반응을 수행하였다. 불소화 조건에 따른 원소분석과 XPS 분석 결과를 표 2.6과 2.7에 나타내었다[16-19]. 표에서 볼 수 있듯이 샘플의 불소화 함량은 150~350℃에서는 1%이하이며 약 0.2~0.6%가 나왔으며 350~500℃에서는 0.6~4.7%로 높은 값을 갖는다. 이 결과값을 통하여 150~300℃에서는 흑연의 표면에서만 불소화가 진행됨을 확인할 수 있다[29-31]. XPS 분석 결과에서도 유사한 동향을 나타내었는데 3.6~12.0%의 불소농도를 보여준 온도는 150~350℃에서 진행되었고 불소화 농도가 350~500℃에서는 8.1~33.1를 보여주었다. 표 2.8은 표면 불소화된 흑연과 천연흑연의 비표면적 결과를 비교 결과이다. 250℃, 350℃ 그리고 플라즈마 불소화로 인해 비표면적이 천연흑연의 비표면적에 비해 약 55~77% 상승함을 보여주었다[16-19].

표 2.6 표면 불소화된 흑연의 불소함량 EA 분석 결과

불소화 조건		불소 함량(%)		
		NG7	NG25	NG40
직접 불소화	150~300℃	0.5~0.6	0.3~0.4	0.2~0.4
	350~500℃	0.6~5.5	0.6~0.7	1.7~4.2
플라스마 불소화		0*	0.3	0.3

* 0은 검출범위 0.2 이하라는 의미

표 2.7 불소화 흑연의 표면 불소농도 XPS 분석 결과

불소화 조건		불소 함량(%)		
		NG7	NG25	NG40
직접 불소화	150~300℃	0.6~10.4	4.5~6.9	3.6~12.0
	350~500℃	11.3~14.6	8.1~28.9	14.3~33.1
플라스마 불소화		6.7~8.8	7.1~11.5	3.3

한편, 불소화에 따라서 기공부피 분포도 또한 변화하였는데, 불소화를 통해 지름이 2~3nm 이상인 중간세공은 감소하고 1.5~2 nm, 2~3 nm의 지름을 갖는 중간세공은 증가하였다. 이러한 변화는 강한 불소화 반응으로 인한 탄소-탄소 결합의 분해에 의한 것이다.

표 2.8 표면 불소화된 흑연과 천연흑연의 비표면적 BET 분석결과

불소화 조건		비표면적(m^2/g)		
		NG7	NG25	NG40
흑연		4.79	3.71	2.94
직접 불소화	150℃	5.61	5.16	3.50
	250℃	7.65	5.18	4.90
	350℃	8.48	6.09	4.95
플라스마 불소화(60분)		7.42	4.71	3.69

또한, Nakajima 등은 천연흑연 분말의 불소화는 탄소-탄소결합을 분해시키고 표면구조의 불규칙성을 유도한다고 라만분광법을 통해 확인하였다. 일반적으로 탄소재료들은 1580과 1360 cm^{-1}에서 두 개의 라만변이를 보여 주는데, 1580 cm^{-1}에서 관측된 라만변이는 흑연의 구조(E_{2g2} mode, G-밴드)로 인한 평면 내 신축진동을 관측한 것이고 1360 cm^{-1}는 구조적 불규칙성 또는 탄소 미립자의 모서리(D-밴드)의 A_{1g} 진동모드를 관측한 것이다[33,34]. 표면 불소화는 D-밴드의 강도를 향상시키고, 이로 인하여 탄소재료 표면의 불규칙도를 보여주는 두 라만변이의 비강도, R(=I_D / I_G)를 증가시킨다. 표 2.9에 불소화된 흑연의 두 라만변이의 비강도로 계산한 R값을 나타내었다. R값이 표면 불소화로 인해 증가됨을 볼 수 있고 그 외에 불소화 온도와 흑연분말 입자크기에 의해서도 영향을 받음을 확인할 수 있었다[16-19]. 플라즈마 불소화 또한 R값을 향상시키는데, 플라즈마 불소화는 반응시간이 길어질수록 R값이 감소하는 결과를 보였다. 이러한 결과값으로부터 플라즈마 불소화가 진행될수록 표면

의 불규칙성이 감소한다는 것을 알 수 있다.

또한, 불소화처리된 천연흑연의 C-F결합을 XPS로 분석하면, 불소화(F_2)한 흑연 샘플은 288.5와 687.7eV에서의 C-F결합을 나타내는 C1s와 F1s 피크가 검출된다. 이러한 결합 에너지들은 표면에 존재하는 C-F결합이 공유결합과 이온결합의 중간 정도의 값을 갖는다[16-19]. 피크 위치가 약간 이동된 291.0 eV에서 C1s 피크도 검출되었는데 이는 소량의 C-F 공유결합을 나타낸다. 플라즈마 불소화 샘플은 288.1과 687.6eV에서 비슷한 C1s, F1s 피크가 관찰되었고 피크가 약간 이동한 C1s피크는 291.1eV에서 C-F 공유결합이 검출되었다. 따라서 불소화(F_2)한 흑연이나 플라즈마 불소화한 흑연이나 유사한 C-F결합을 가짐을 알 수 있다.

그림 2.16은 표면불소화된 그라파이트 샘플의 TEM사진을 보여주고 있다[19].

표 2.9. 표면 불소화한 흑연의 라만변이 값의 R(=I_D/I_G)

불소화 조건		R 값		
		NG7	NG25	NG40
흑연		0.083	0.082	0.080
직접불소화	150℃	0.18	0.15	0.13
	200℃	-	-	0.14
	250℃	0.23	0.19	0.16
	300℃	-	0.18	0.23
	350℃	-	-	0.45
	400℃	0.25	0.40	0.74
	450℃	-	0.70	0.55
	500℃	0.29	0.56	0.73
플라즈마	60min	0.20	0.15	0.14
	100min	0.14	-	-
	140min	0.13	-	-
	180min	0.13	-	-

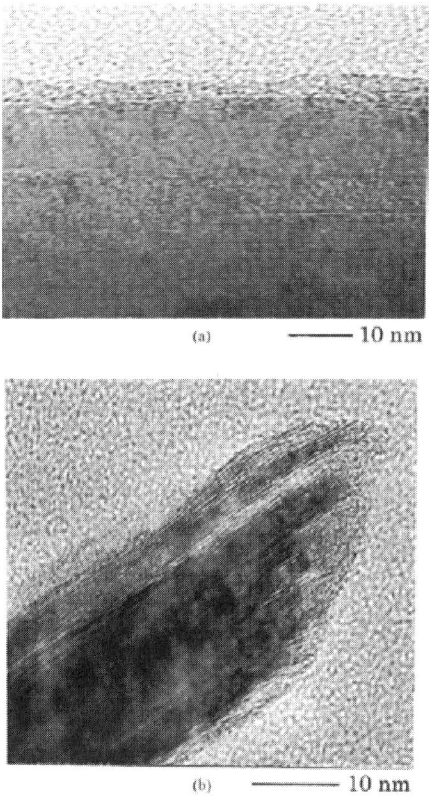

그림 2.16 표면불소화된 그라파이트 샘플의 TEM사진: (a) 250℃에서 F_2로 불소화한 NG25; (b) 300℃에서 F_2로 불소화한 NG40[19].

(2) 표면 불소화한 천연흑연 충방전 특성

표면 불소화한 천연흑연 충방전 곡선은 불소화 처리하지 않은 흑연과 유사한 그래프를 보여주었는데 이를 그림 2.17에 나타내었다[23]. 이는 250 ℃에서 불소화한 흑연에 대해 전류밀도는 60mA/g, 0-3V vs. Li/Li^+ 1mol/d㎤ $LiClO_4$– ethylene carbonate(EC) / diethyl carbonate(DEC), 25 ℃ 에서의 충방전 곡선이다[18,20]. 첫 환원 곡선에서 0.6 ~ 0.7 V에서 잠깐의 정점지속전위(small plateau)

는 EC의 환원과정과 흑연표면에 있는 얇은 SEI 필름의 배열에 의해 의한 것이다[32]. 정점지속전위는 두 번째 사이클 이상에서 EC 복혼합물이 발견되지 않았다. 또한, 250 ℃에서 불소화한 흑연은 아무 처리하지 않은 흑연보다 확연히 높은 용량을 보유함을 보여주었다.

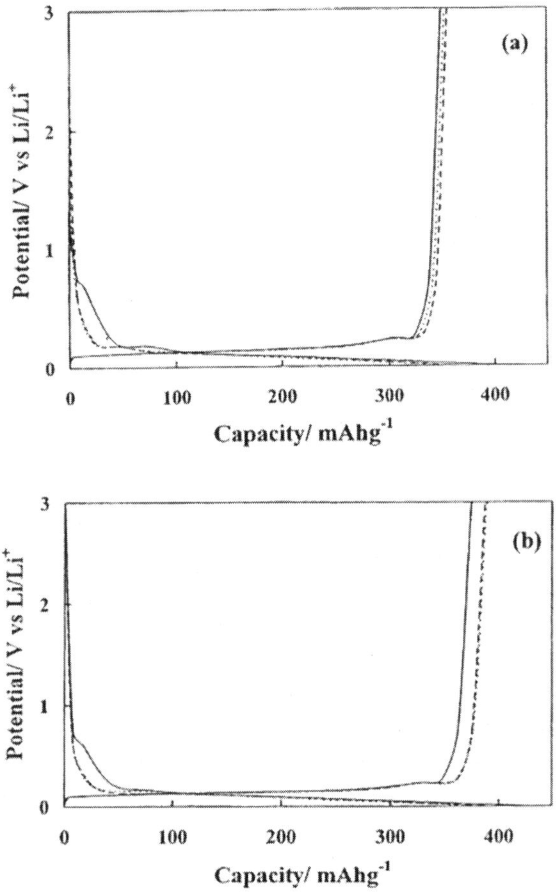

그림 2.17 충방전 곡선(a) NG25 (b)250℃에서 불소화한 NG25.
———: 1번째 사이클, · · · · ·: 5번째 사이클, ---: 10번째 사이클[23].

150~400 ℃에서 불소화한 천연흑연(NG25샘플)은 불소화 처리하지 않은 천연흑연 보다 높은 용량을 나타내었다. 그 중에서도 200 ℃와 300 ℃에서 불소화한 천연흑연이 가장 높은 용량 387~389 mAh/g을 나타내었고, 150 ℃와 350 ℃에서 불소화한 천연흑연 또한 높은 용량 382~384 mAh/g를 나타내었다. 방전용량은 불소화 온도가 증가함에 따라 점차적으로 감소하였다. 이론상의 흑연 용량은 372 mAh/g이며 그 외에 많은 불소화된 천연흑연은 기존의 이론적인 값에 비해 높은 용량을 보여주었다.

입자크기가 각각 다른 천연흑연 NG7, NG25 및 NG40 에 대하여 첫번째 쿨롱효율은 79.7, 85.6 및 85.1%로 나타났다. 150~300 ℃에서 불소화된 천연흑연은 첫번째 쿨롱효율과 같은 값을 보였다. 이러한 결과는 이 온도영역에서 표면 불소화를 해도 비가역 용량은 무시해도 될 정도의 값이라는 것을 보여준다.

플라즈마 불소화한 천연흑연의 방전 용량은 불소화 시간에 큰 영향을 받는 것으로 알려져 있다. 그림 2.18에 플라즈마 불소화한 천연흑연(NG7: 입자크기 7 um) 사이클 수에 따른 방전용량이 나타내었다[19]. 30분 불소화한 NG7은 370 mAh/g로 불소화처리 하지 않은 NG7보다 높은 방전 용량 값이 얻었고, 60분 불소화한 천연흑연은 가장 높은 방전 용량인 382 mAh/g를 달성하여, 이론상의 그라파이트 용량인 372 mAh/g보다 높은 값이 얻어졌다. 플라즈마 불소화 시간이 더 지속되어 100~180 min이 될 경우 방전용량이 감소하여 미처리된 NG7보다 낮은 값을 갖는다. 플라즈마 불소화한 천연흑연 NG25와 NG40은 방전용량이 388와 381 mAh/g까지 증가하였다.

무엇보다도 직접불소화 및 플라즈마 불소화 방법으로 진행한 표면 불소화는 흑연의 방전용량을 이론 값 보다 증가시켰다. 이는 표면 불소화함으로써 천연흑연의 비표면적을 넓히고, 지름 1.5~2 또는 2~3 nm 되는 중간세공도 증가하였기 때문이다. 이러한 표면구조의 변화로 인하여 반응속도론을 향상시키고 중간세공을 많이 함유하여 방전용량이 향상된 것으로 알려 졌다.

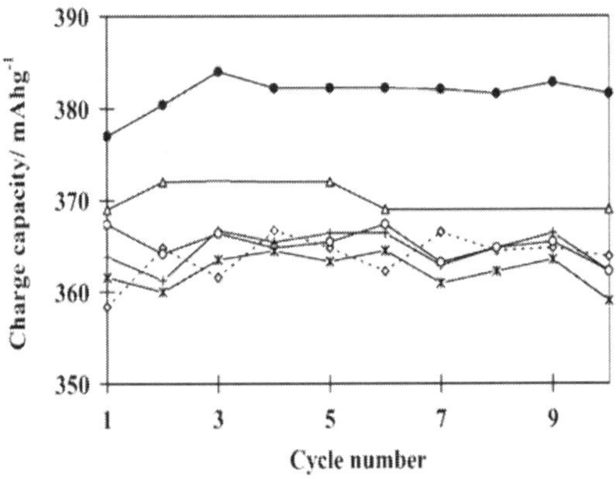

그림 2.18 NG7과 플라즈마 불소화한 NG7의 방전 용량[19].
(◇)NG7 (△)30분 불소화, (●)60분 불소화, (+)100분 불소화,
(○)140분 불소화, (*)180분 불소화.

2.2.2.4. 하드카본 기반 음극재

하드카본은 상기 설명된 흑연과 달리 작은 크기의 결정자를 가지며, 탄소층들이 강하게 엉켜있어 무질서도가 높은 결정구조를 가진다. 이에 따라 이를 2,500 ℃ 이상에서 열처리를 실시하여도 발달된 흑연결정구조를 갖기 어렵다. 또한 하드카본은 800 ℃부터 1,000 ℃의 범위에서 가장 높은 저장용량을 보이며, 1,000 ℃ 이상으로 열처리가 되면 미세공극의 감소 및 흡착할 수 있는 자리가 감소하여 하드카본의 리튬이온 저장용량이 크게 감소할 수 있는 것으로 알려져 있다(그림 2.11 참조).

이에 따라, Adams 등은[33] 결정구조의 발달 정도가 낮은 목질계 바이오 물질을 리튬이온전지의 음극재로 활용하였다. 비표면적이 높은 탄소물질을 제조하기 위하여, 질소분위기에서 KOH 활성화제를 사용하여 목질계 바이오 물질을 850 ℃에서 3 h 동안 활성화 반응을 진행한 후, 순차적으로 아르곤분위기에서 1,000 ℃보다 낮은 온도인 600 ℃에서 2 h 동안 열처리를 진행하여 탄소

물질의 불순물을 제거하였으며, 이를 그림 2.19에 나타내었다.

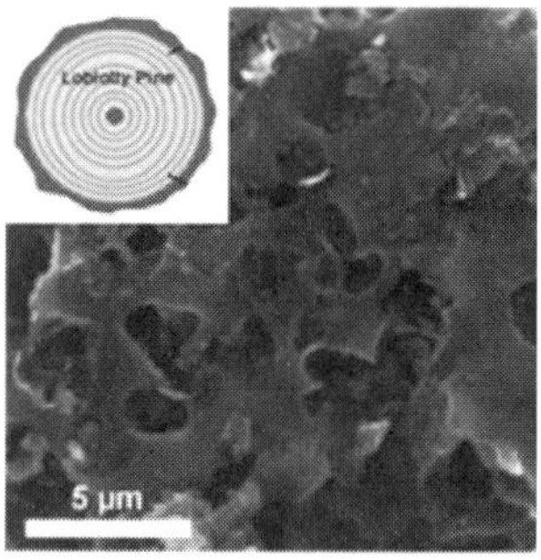

(a)

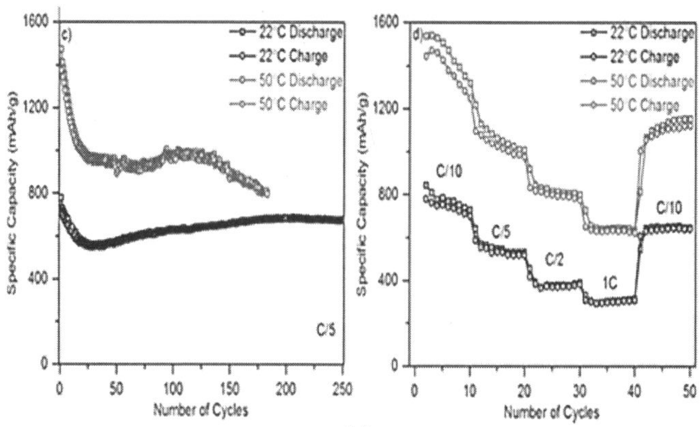

(b)

그림 2.19 (a) 우드칩 계 다공성 탄소의 SEM 사진,
(b) 여러 가지 율속 (C/10 ~ 1C)에 따른 비용량 및 싸이클 안전성 [25].

이렇게 제조된 탄소물질의 비표면적은 1,580 m^2/g을 갖으며, 층간간격은 0.344 nm 정도를 갖는 것을 보여주었다. 이러한 분석 값은 흑연이 3.43 m^2/g의 비표면적 및 0.335 nm의 층간간격을 갖는 것과 비교하여 넓은 비표면적과 층간간격을 갖는 것을 알 수 있었다. 활성화된 탄소물질 기반 음극재의 방전용량은 0.1C에서 700 mAh/g이 얻어지는 것을 알 수 있었으며, 이후, 충전속도가 1C로 증가되었을 때는 방전용량이 350 mAh/g으로 얻어졌다. 하드카본은 앞의 흑연기반 물질과 비교하여 리튬이온을 흡착할 수 있는 넓은 공간을 가짐에 따라 높은 충/방전용량을 갖는 것을 알 수 있었다.

이 밖에도, Zhang 등은[34] 자몽 껍질(pomelo peel)을 탄화한 후, 이를 KOH 활성화제로 활성화하여 활성화된 탄소 폼(activated carbon foam, ACF)을 제조하였다. 이후, 제조된 탄소 폼에 비용량이 높은 황(Sulfur, S)을 증기상태로 코팅하였으며, 이를 그림 2.20에 나타내었다.

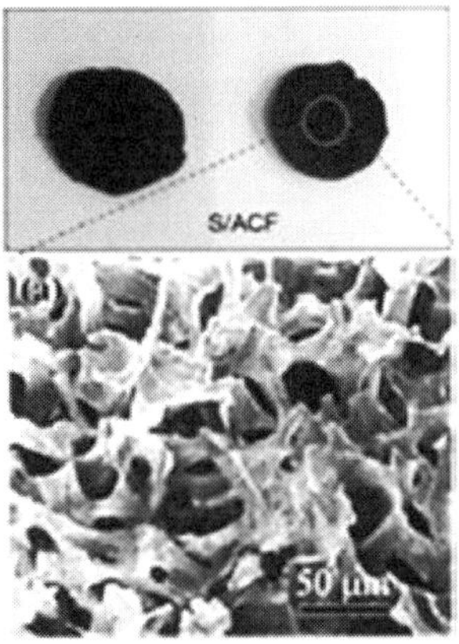

(a)

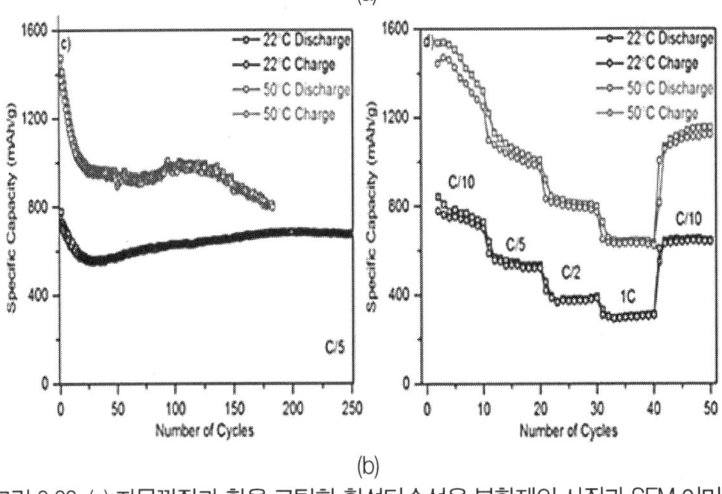

(b)

그림 2.20. (a) 자몽껍질과 황을 코팅한 활성탄소섬유 복합재의 사진과 SEM 이미지, (b) 율속(0.2C ~ 2C)에 따른 비용량과 싸이클안정성[26].

이때, 활성화된 탄소 폼에 황을 코팅함에 따라 비표면적이 1,533 m^2/g부터 394 m^2/g으로 감소되었다. 황이 코팅된 탄소 폼은 0.2C의 충전속도에서 100 사이클 이후에 750 mAh/g의 방전용량을 갖으며, 96%의 쿨롱 효율이 얻어졌다. 또한, 2C의 증가된 충전속도에서도 700 mAh/g의 안정적인 방전용량이 얻어지는 것을 보였다. 이러한 결과로부터 음극재가 리튬이온이 흡착 및 이동할 수 있는 넓은 공간을 가짐으로써 증가된 충전속도에 따라서도 높은 방전용량을 가지면서 안정적인 방전용량 유지 율이 얻어질 수 있는 것을 알 수 있었다.

Xiang 등은[35] 800 ℃ 에서 오렌지 껍질(orange peel)을 열처리한 후, KOH 활성화제로 활성화하여 활성화된 하드카본을 제조하였다. 활성화된 하드카본의 비표면적은 638 m^2/g으로 얻어졌으며, 그 전기화학적 특성은 1 A/g의 전류밀도에서 초기방전용량이 878 mAh/g으로 관찰되었으며, 100 사이클 이후에는 301 mAh/g의 방전용량이 얻어졌다. 이때 쿨롱 효율은 100% 정도로 매우 안정적인 것을 보여주었다.

Jafari 등은[36] 페놀수지(phenolic resin), 에탄올(ethanol) 및 에틸렌 글리콜(ethylene glycol)을 각각 전구체, 용매 및 조공제로 사용하여 에멀젼 방법으로 고분자 합성한 후, 800 ℃ 열처리를 통하여 마이크로 크기의 하드카본 구형입자를 제조하였으며, 이를 그림 2.21에 나타내었다.

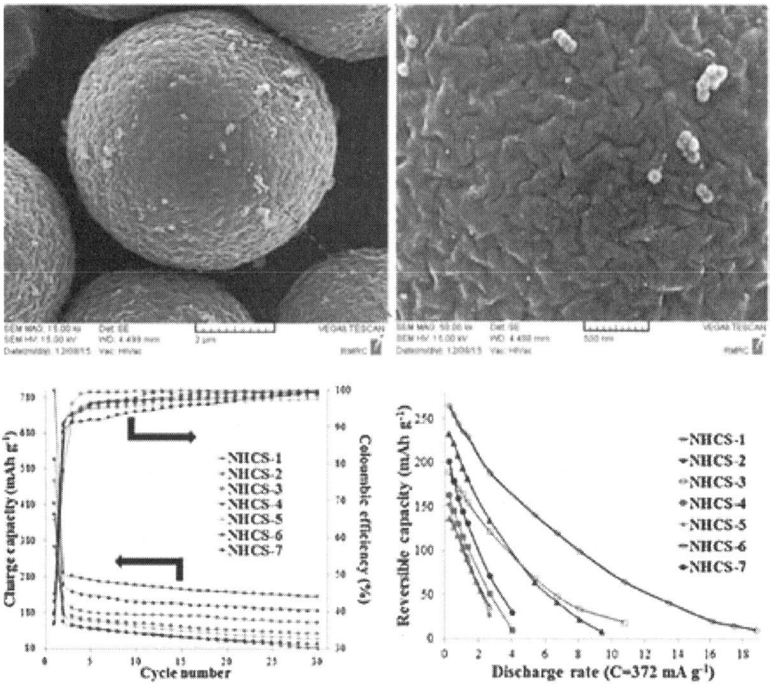

그림 2.21 나노기공 하드카본 구형입자의 SEM 이미지와 충전용량 및 가역용량 [36].

이때, 페놀수지 기반 고분자합성은 160 ℃에서 1에서 2 min 내로 빠르게 진행되었다. 이렇게 얻어진 하드카본 구형입자의 층간 간격은 0.39 nm으로 얻어졌으며, 비표면적은 753 m^2/g을 갖는다. 이를 기반으로 얻어진 전기화학적 특성으로 초기충전용량은 0.1 A/g의 전류밀도에서 798 mAh/g으로 얻어졌으며, 30 사이클 이후에는 222 mAh/g으로 얻어졌다. 이때 30사이클 이후에도 클롱 효율이 99%으로 얻어짐에 따라 사이클 특성이 우수한 것을 알 수 있었다.

Mondal 등은[37] 폐 새우껍질을 활성화 반응 및 열처리를 통하여 자연적으로 질소가 도핑된 공극 구조를 갖는 탄소재를 제조하였으며, 이를 리튬이온 전지의 고성능 음극재로 사용하였다. 질소가 도핑된 공극 구조를 갖는 탄소재는 폐 새우껍질을 믹서기로 간 후, 400 mesh의 시브(sieve)로 얻어진 분말을

체를 쳐서 일정한 입자크기를 갖는 분말을 얻었다. 이후, 6 M KOH 용액에 새우껍질 입자를 담지 시킨 후에 150 ℃에서 6 h 동안 열처리를 진행하여 활성화된 탄소재를 얻었으며, 이를 아르곤 분위기에서 700 ~ 900 ℃에서 5 h 동안 열처리를 통하여 질소가 도핑된 공극 구조를 갖는 탄소재를 제조하였으며, 이를 그림 2.22에 나타내었다. 얻어진 탄소재의 비표면적은 1,271 m^2/g으로 얻어졌으며, XPS 분석결과로부터 질소함량은 약 2.86%가 도입된 것을 확인하였다.

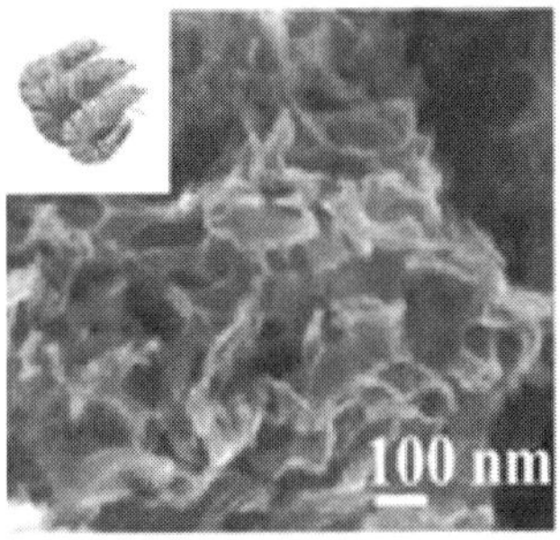

(a)

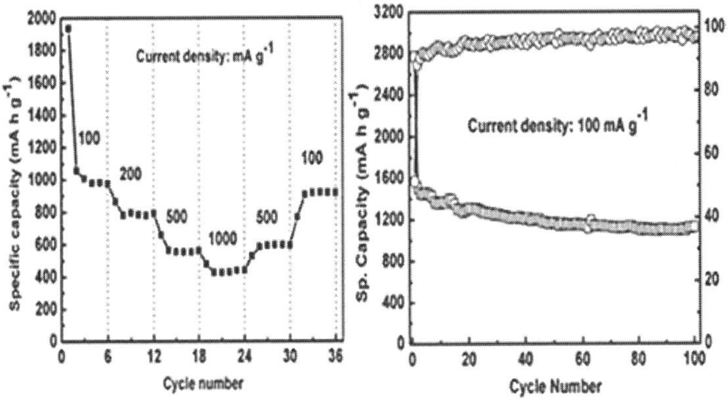

(b)

그림 2.22 (a) 폐새우 껍질로부터 얻어진 질소 도핑 다공성 탄소의SEM 이미지, (b) 전류밀도(100 ~ 1,000 mA/g) 에 따른 비용량 및 싸이클 안정성 [29].

제조된 시료의 전기화학적 특성은 0.1 및 0.5 A/g의 전류밀도에서 그 방전용량이 각각 1,507 및 1,014 mAh/g으로 얻어지는 것이 확인됨으로써 증가된 전류밀도에서도 방전용량 유지율이 높게 유지되는 것을 관찰하였다. 또한 0.5 A/g의 전류밀도에서 5,000 사이클 이후에도 방전용량 유지율이 99.4%로 얻어짐에 따라 우수한 사이클 특성을 보여주었다. 이러한 효과는 음극재가 넓은 비표면적을 가지면서 전극과 전해질간의 계면이 증가되어 전하 이동이 증가하였으며, 공극구조는 효과적인 전자 이동 통로 역할을 하며, 도핑된 질소는 전기전도도가 높을 뿐만 아니라 전극의 젖음성을 증가시키는 것을 보여주었다.

상기에서 언급된 리튬이온전지의 흑연 및 하드카본에 대한 기본재료, 열처리온도, 비표면적, 층간간격, 방전용량 및 사이클 특성을 정리하여 표 2.10과 11에 나타내었다. 리튬이온의 삽입 및 이동을 효율적으로 증가시키기 위하여 흑연 및 하드카본에 촉매를 처리하여 공극을 형성하거나 공극률 높은 구조의 흑연 폼을 리튬이온전지에 적용하고 있음을 알 수 있었다. 더욱이, 하드카본이 흑연과 비교하여 증가된 비표면적 및 층간간격을 가짐에 따라 우수한 방전용량 및 사이클 특성이 얻어지는 것으로 나타났다.

표 2.10 리튬이온전지용 흑연에 대한 기본재료, 열처리온도, 비표면적, 층간간격, 및 전기화학적 특성

	Based materials	Temperature (℃)	S_{BET} (m^2/g)	d_{002} (nm)	Discharge capacity (mAh/g)	Cycle stability (%)	References
graphitic carbon	graphite, $H_{24}Mo_7N_6O_{24}$	180, 900	10.1	0.336	362 (35 mA/g)	80 (6C, 1,400 cycles)	Deng [11]
	expanded graphite, perchloric acid	120	36	0.3358	260 (charge capacity, 1.6C)	-	Lin [8]
	melamin formaldehyde foam, silicone, polyacrylonitrile	1,000	3	-	1,964 (0.1C)	92.5 (0.1C, 30 cycles)	Roy [9]
	graphite foam powder	1,000, 2,700	6.75	0.3375	345.3 (30C)	90.12 (1C, 50 cyclels)	Lim and Kim [12]
	natural graphite, PVA, citric acid	2,800, 900	13.615	0.3362	391 (0.3C), 346 (3C)	97.8 (0.3C, 800 cycles)	Wu [13]

표 2.11 리튬이온전지용 하드카본에 대한 기본재료, 열처리온도, 비표면적, 층간간격, 및 전기화학적 특성

	Based materials	Temperature (℃)	S_{BET} (m^2/g)	d_{002} (nm)	Discharge capacity (mAh/g)	Cycle stability (%)	References
Hard carbon	industrial woodchip, KOH	850	1,580	0.344	700 (0.1C) 350(1C)	-	Adams [33]
	pomelo peel, sulfur	500, 600	394	-	750 (0.2C) 700(2C)	96 (0.2C, 100 cycles)	Zhang [34]
	orange peel, KOH	800	638	-	301 (1 A/g)	100 (1 A/g, 100 cycles)	Xiang [35]
	phenolic resin, ethanol, ethylene glycol	800	753	0.39	222 (0.1 A/g)	99 (0.1 A/g, 30 cycles)	Jafari [36]
	shrimp shells, KOH	700-900	1,271	-	1,507 (0.1 A/g) 1,014 (0.5 A/g)	99.4 (0.5 A/g, 5,000 cycles)	Mondal [37]

2.2.2.5. 인조흑연 제조공정

1) 인조흑연의 정의

인조흑연이라 함은 보통 탄소 성분이 많은 원료 가루와 결합재를 섞어 모양을 만든 후에, 구워서 완전히 탄화한 것을 다시 전기로에서 높은 온도로 가열하여 흑연으로 만든 물질을 말한다.

2) 인조흑연의 종류

ㄱ. 보통 품질의 인조흑연

전기로에서 극히 미세하게 분쇄된 코크스(일반적으로 석유 코크스를 사용하지만 때로는 무연탄코크스, 레토르트 코크스, 피치 코크스 등을 사용)와 탄소질 응결제(피치 또는 타르)의 혼합물 중에 존재하는 물질의 촉매(실리카 또는 산화철) 작용 하에 "흑연화"가 확보되도록 충분한 고온(2,500 ~3,200 ℃)으로 가열하여 만든다. 그 혼합물은 가압으로 횡단면이 사각 또는 원형의 녹색

괴로 추출 성형되며, 이러한 괴는 약 1,000℃에서 예열하여 흑연화 또는 흑연화 공정에 의해 직접 제공된다. 이러한 방법에 의한 제품은 겉보기 비중이 약 1.5~1.6이다.

ㄴ. 함침 인조흑연 또는 함침투성 인조흑연

이것은 인조흑연의 겉보기 비중을 배가시키거나 또는 가스가 스며들지 않게 하기 위하여 진공상태에서 타르, 지방, 설탕액 또는 기타의 유기물품을 침투시키고 다시 열처리하여 이러한 첨가물의 탄소질 잔유물을 흑연화한 것이다. 침투공정은 겉보기 비중(1.9이상)을 높이거나 또는 고도의 함침투성을 얻기 위하여 되풀이 할때가 있다. 이 인조흑연은 보통 분말(Powder), 플레이크(flake), 블록(block), 판(plate), 그리고 봉(rod) 등의 형상으로 나눌 수 있다.

ㄷ. 콜로이드 흑연

천연흑연 또는 인조흑연의 미세한 입자를 물이나 기타의 매질(알코올, 광물유) 중에 콜로이드 상으로 현탁한 것으로서 소량의 탄닌 또는 암모니아와 같은 물질의 현탁을 안정화시키기 위하여 첨가시킨 경우도 있다. 콜로이드 흑연은 보통 반액상이며 주로 윤활유 조제품의 제조에 사용되거나 고전도성을 이용한다.

ㄹ. Semi-콜로이드 흑연

이는 물 또는 기타 매질에 현탁된 semi-콜로이드상의 흑연을 말한다. 흑연유 조제품 또는 흑연표면형성용에 사용되며, 이러한 범주에는 콜로이드 또는 반콜로이드 상으로 현탁된 흑연만이 분류되는데, 흑연이 그 주요 구성성분이 된다[38,39].

3) 인조흑연의 원료

ㄱ. 충전재의 종류

인조흑연 제조 시 사용되는 충전재를 종류에 따라 구분하면 코크스(석유 코크스, 핏치 코크스, 야금용 코크스), 무연탄, 카본블랙, 천연흑연 및 인조흑연으로 구분되며, 최종흑연 제품의 사용용도 및 물성에 따라 적절한 충전재를 선택하여 사용한다. 이러한 충전재는 입자형태 및 미세 조직적 배향특성에 따라 구분하기도 하며, 배향정도에 따라 물리적, 전기적, 화학적 특성이 달라지므로 배향특성에 따른 충전재의 구분은 인조흑연의 물성을 설계할 때 중요한 요소이다.

ㄴ. 결합재의 종류

일반적인 결합재는 열경화성 재료인 레진과 콜타르 피치이다. 콜타르 피치는 제철 생산의 부산물이며, 콜타르의 증류 또는 가열 처리에 의해 얻어진다. 콜타르 피치의 조성물은 상당히 복잡하며, 타르의 정제 정도에 따라 변할 수 있다. 연화점과 불용성 퀴놀린(C_9H_7N)의 함량은 피치의 흑연화 특성과 품질에 영향을 미치는 중요한 요소이다. 석유 피치 및 열경화성 수지와 같은 다른 결합재는 강도가 요구되는 제품에 사용된다.

4) 인조흑연의 제조

ㄱ. 개요

탄소계 충전재와 결합재를 사용용도에 맞게 입자크기 및 혼합비를 결정하여 결합재의 연화점보다 높은 온도에서 혼합한다. 충전재는 대부분 코크스를 사용하지만 사용용도에 따라 천연흑연, 카본블랙, 그리고 흑연 스크랩을 사용하기도 한다. 결합재는 탄화수율이 높은 석유계 피치 및 석탄계 피치를 사용하며, 페놀과 에폭시 같은 열경화성 수지를 사용하기도 한다.

충전재와 결합재가 혼합된 혼합물은 압출성형, 일축성형, 정수압성형에 의해 성형된다. 성형된 제품은 700 ~ 1,200 ℃에서 탄화하여 충전재에 포함된 불순물과 결합재의 휘발성분에 의해 생산된 기공을 채우기 위해 함침과 재 탄화 과정을 반복한다. 탄화된 제품은 2,500 ~ 3,000 ℃의 높은 온도에서 가열하여 코크스 결정을 흑연결정으로 전환한다. 일반적인 인조흑연 제조공정을 다음의 그림 2.23에 나타내었다.

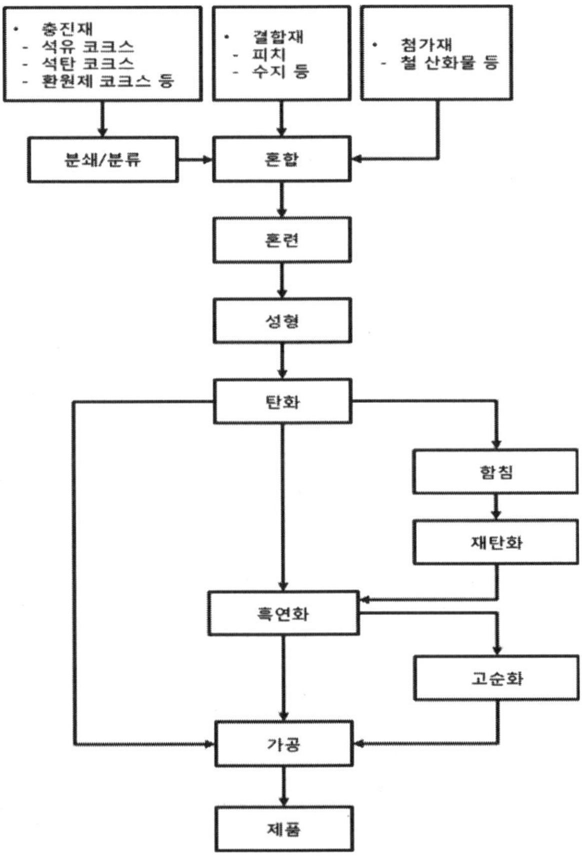

그림 2.23 일반적인 인조흑연의 제조공정.

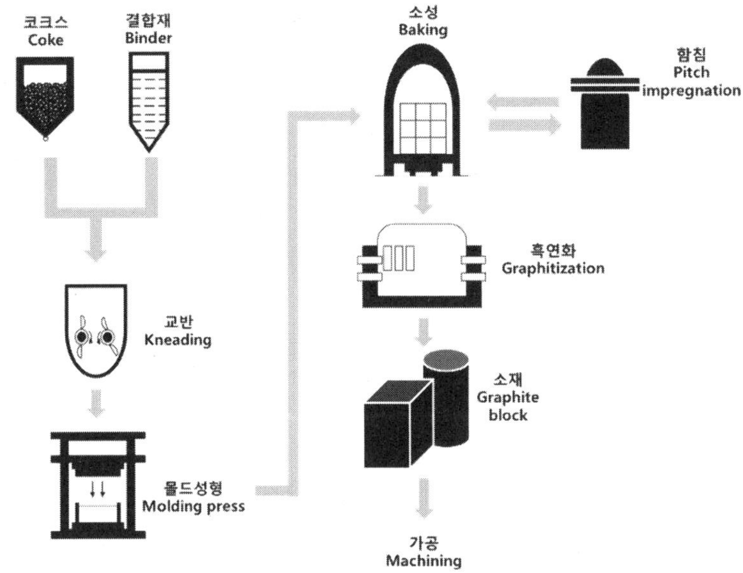

그림 2.24 인조흑연의 제조공정.

ㄴ. 인조흑연의 제조공정

인조흑연 제조공정은[40] 원료 코크스(needle coke)의 분쇄 및 분급(sieving), 제품의 요구 특성에 맞는 혼합비 선정 및 점결재(binder)와의 혼련(kneading), 혼련물의 압출성형(extrusion), 성형물의 소성(baking), 함침(impregnation) 및 재소성(rebaking), 흑연화(graphitizartion), 가공(machining) 및 검사(inspection) 공정을 거쳐 최종제품으로 만들어지게 되며, 인조흑연 제조 공정순서를 그림 2.24에 나타내었다.

각 공정상의 특성 및 주의사항으로는 무엇보다도 우선, 원료 코크스의 선정이 매우 중요하다. 모든 탄소재료의 제조에 있어 최종제품에 요구되는 물성을 고려한 원료선정이 필수적이며, 가혹한 조건 하에서 인조흑연 전극봉이 사용됨에 따라 그 물성의 제어에 많은 주의가 필요하다. 원료 코크스는 점결재와의 혼합에 앞서서 요구되는 제품의 특성을 발현시키기 위한 원료의 입도

비별 배합을 실시하여야 하며, 이를 위하여 원료 코크스의 분쇄 및 분급을 행하게 된다. 일반적으로 코크스의 분쇄시에는 마모성, 흡수성, 윤활성 및 충격강도 등이 크고, 비중, 탄성율 등이 작은 탄소질 원료의 물성에 유의하여 침상코크스의 특성을 최대한으로 발휘할 수 있는 분쇄조건 및 분쇄기를 선정하는 것이 바람직하다. 또한, 원료 코크스의 배합은 원칙적으로 대구경의 경우, 굵은 입자의 사용량이 증가하며, 감압(reduced pressure: RP)제품에 비하여 초고부하용(ultra-high pressure: UHP)제품의 경우에 굵은 입자의 사용량을 증가시켜야 한다. 즉, 입자크기의 특성에 따라서 제조방법 및 입자별 배합비 선정을 결정하여야 한다.

적정 배합비에 의하여 배합된 원료 코크스는 입자간의 점결력이 전무하므로 이들을 결합시켜줄 점결재와의 혼합이 필수적이다. 원료 코크스와 점결재와의 혼합에는 주로 혼련방법이 사용되고 있으며, 이러한 혼련의 목적은 코크스 입자표면에 점결재가 균일하게 분산 도포될 수 있도록 혼합하는 것이다. 이때 코크스의 입도, 점결재의 연화점 등에 따라서 점결재의 사용량, 혼련기구 및 혼련온도 등의 조건설정이 적절히 이루어져야 한다. 그러나 혼련공정에서의 지나친 혼련은 코크스입자 내의 공극을 폐쇄시킴으로써 오히려 제품의 물성을 저하시키거나, 점결력을 저하시키는 문제점이 발생하게 됨으로써, 혼련조건 선정에는 많은 주의가 필요하다.

한편, 혼련이 끝난 혼련물은 성형기를 이용하여 목적에 맞도록 성형을 실시하게 된다. 인조흑연 전극봉의 경우에 인조흑연 제품의 성형방법으로는 압출성형을 실시하고 있으나, 일부의 특수용도 및 소형탄소 성형체 등은 압축성형 또는 냉간 정수압 성형법(cold isostatic press, CIP) 등을 사용하고 있다. 혼련기에서 혼합이 완료된 혼합물은 용기를 이용하여 압출성형기 내의 용기로 이송되며, 적절한 압출 성형밀도 및 성형속도를 유지하기 위하여 소정의 온도까지 가열을 실시한다. 이때에 발생되는 가스성분을 제거하기 위한 탈기를 실시하게 된다. 탈기 과정에서의 탈기부족이 발생할 경우에는 압출성형 과정

시에 발생된 기체가 성형체 내부에 잔존하는 것을 의미하며, 이에 따라 후공정인 소성 과정에서 성형체 내부에 균열이 발생될 수 있으므로 탈기과정이 잘 이루어지도록 신중을 기하여야 한다.

소성조건 역시 성형체의 밀도, 크기, 종류 등에 따라 다양하게 조절되어야 하며, 성형체는 소성, 함침 및 재소성 과정들을 거치게 된다. 일반적인 소성 공정에서는 에너지원으로 오일 또는 가스를 사용하며, 다량의 제품을 동시에 처리할 수 있는 방법을 채택하고 있으므로 소성시의 온도 편차의 발생 방지, 산화 등의 방지를 위한 충전재 및 충전방법 등을 적절히 선정하여야 한다. 일차 소성체는 성형체 내부의 저분자량 성분 및 분해반응 등에 의하여 발생된 기체의 방출 등으로 내외부에 많은 기공 등이 발생하게 되며, 이에 의한 밀도 저하가 일어나게 된다. 따라서, 요구되는 물성을 충족시키기 위하여는 함침재에 의한 함침 과정을 거치게 되며, 함침 공정에서의 효율 향상을 위한 함침재의 선정 및 함침 조건의 선정이 중요하다. 함침재에 의한 함침이 완료된 제품은 재소성 공정을 거치게 되며, 재소성 공정은 일반 소성 공정에 비하여 짧은 소성시간을 필요로 한다. 이와 같은 소성, 함침 및 재소성 공정은 에너지 소모가 큰 공정으로서, 사용에너지 절감을 위한 단시간 소성기술의 개발이 요구되고 있다.

재소성이 완료된 성형체는 전기적 특성의 향상 및 조직발달 등을 위한 흑연화 공정을 실시하게 된다. 흑연화 공정은 다량의 에너지소비 공정으로서 에너지원으로서는 전력을 이용하게 되므로, 인조흑연 제품제조에 있어서 가장 제조비용 부담이 큰 공정임과 동시에, 최종제품의 품질을 결정하는 공정이라고 할 수 있다. 따라서, 흑연화 공정에서의 에너지효율 향상 및 새로운 흑연화 기술의 개발은 제품의 가격경쟁력 확보 차원에서도 간과할 수 없는 부분이므로, 제조업체에서도 많은 노력을 기울이고 있는 실정이다.

5) 인조흑연계 음극재 제조공정

천연흑연계 음극재의 경우 원료수입 후 1차 입자화를 위한 가공 후 피치 코팅으로 간단한 공정을 통하여 음극재를 제조하는 반면, 인조흑연계 음극재의 경우 크게 침상 코크스 및 바인더 피치 제조, 침상 코크스를 통한 인조흑연 블록 제조, 인조흑연 블록 기반 1차 입자화 그리고 코팅용 피치 코팅 공정을 통해 제조한다.

인조흑연계 음극재 제조공정은 바인더 피치, 침상 코크스 그리고 코팅용 피치 제조를 포함하는 원료제조공정이 포함된다. 각각의 제조 기술은 β-resin함량 조절기술, 이방성 함량 제어 기술, QI(Quinoline insoluble) 조절 기술 그리고 불순물(S, N, ash 등) 함량 제어 기술을 필요하다. 상기 기술들은 현재 국내에 연구실 혹은 실험실 규모의 기술개발은 일부 되어있는 반면 pilot-scale 혹은 양산화 공정은 개발 되어있지 않으며 대부분 일본의 기술을 통하여 국내에서 생산만을 수행한다.

음극재용 인조흑연 블록제조 기술은 해당기술만으로 등방흑연 블록, 제철 제강에 사용하는 전극봉용 인조흑연블록을 제조하는 공정과 동일한 조건으로 해당 기술의 난이도는 매우 높은 편에 속하며 해당 공정을 음극재용 인조흑연 제조공정에 도입함으로서 시작품의 균일성 그리고 1차 미립화 공정과 함께 다방향성의 배향을 가지는 음극재용 인조흑연의 특성을 보인다. 음극재용 인조흑연 블록제조 이후 1차 미립화 공정시 광학적 이방성을 띄는 인조흑연을 다방향성으로 가지게 하는 공정으로서 다방향성의 음극재는 속도특성을 포함한 음극재의 전기화학적 특성을 향상시킨다. 또한 최종 음극재 입자의 크기에 비하여 보다 작은 입자(102~103 nm)를 균일하게 제조하면서 전극밀도 향상을 위한 높은 탭밀도 등 제조공정 중 높은 기술력을 필요로 하며 양산화 공정으로의 스케일업(scale up) 연구에 많은 기술적 노하우를 필요하다. 코팅용 피치 코팅공정은 인조흑연계 음극재 제조에 필요한 기술로서 흑연계 음극재의 높은 안정성을 위한 필수적인 공정이다. 음극재는 초기 충방전이 진행됨에 따라 음극재의 일부가 전해질과 반응하여 SEI 층을 생성하게 되는데 코팅용 피치 코팅공정을 거친 인조흑연계 음극재의 SEI 층은 충방전시 음극재의 화학적 반응을 막아주며, 흑연의 SEI 층보다 화학적 안정성이 높다. 인조흑연계 음극재 제조 공정을 그림 2.25에 나타내었다.

그림 2.25 인조흑연계 음극재 제조공정 개요도.

6) 인조흑연계 음극재의 제조기술

ㄱ. 침상 코크스 제조기술

인조흑연의 원료가 되는 침상 코크스와 이의 재료인 피치는 인조흑연의 물성과 품질을 좌우하는 중요한 전구체이며 코크스의 제조 기술은 일본, 미국 및 독일의 선진업체가 독점하고 있다. 침상 및 등방 코크스 제조기술은 기술장벽이 매우 높은 분야로 기술 도입이 불가능하여 흑연 개발을 위하여 원료가 되는 잔사유, 피치 등에 대한 기초연구 및 핵심기술개발이 필요하다.

ㄴ. 바인더 및 코팅용 피치 제조기술

인조흑연을 개발함에 있어서 해결해야 할 기술적 난제 중 하나는 바인더 및 코팅용 피치 제조이다. 피치 내 함유된 질소, 황 및 금속 불순물 등이 1,600 ℃ 이상의 고온에서 기화되면서 인조흑연 내부구조에 기공 및 미세 균열(crack)

을 생성하는 퍼핑(puffing) 현상이 발생하기 때문이다. 이러한 현상은 인조흑연의 크기가 클수록 심화되는 특성이 있으므로, 인조흑연 제조 시 석유계 피치와 같은 기초원료의 조성이 중요하다. 인조흑연의 원료로는 모든 탄소 화합물이 가능하나, 경제성 등의 이유로 실질적으로 석유계 잔사유와 석탄계 콜타르가 원료 (feedstock)로 사용된다. 전 세계적으로 인조흑연용 바인더용 피치를 생산하는 업체는 많지 않으며, 일본의 JFE chemical, 일본 C-Chem, 중국 안산 등 소수의 기업에서만 안정된 품질의 바인더피치를 공급할 수 있는 것으로 알려져 있어 기술 수준이 매우 높은 편이다. 국내 OCI에서는 콜타르를 이용하여 알루미늄 제련용 전극봉에 사용되는 바인더 피치를 개발하여 상용화되었으나, 인조흑연용 바인더 피치는 연구실 규모에서 저품질 피치를 얻는 수준에 불과하다. 피치제조에 대한 국내 기술 수준은 일본, 미국, 독일 등 선진국 대비 5% 이하의 거의 전무한 기술 수준이다.

ㄷ. 침상 코크스/바인더 피치 혼련 및 인조흑연블록 성형 기술

침상코크스/바인더 피치의 분쇄, 분급, 배합, 혼합, 혼련 공정은 인조흑연블록 성형 시 최종 물성에 가장 깊게 관여하는 공정 중 하나로 알려져 있다. 특히, 침상코크스의 배향, 형상, 입도에 따라 인조흑연블록의 성형 밀도가 큰 폭으로 달라지며, 바인더 피치와의 배합 시 균등한 혼합을 위해 바인더 피치의 입도를 제어하여야 한다. 음극재용 인조흑연블록에 사용되는 침상코크스의 분쇄 공정은 조분쇄 및 미분쇄 공정으로 분리되며, 조분쇄는 죠크래셔, 햄머 크래셔 및 더블 롤 크래셔 등이 사용되고, 미분쇄에는 롤러밀, 볼밀, 제트밀 등이 사용된다. 침상코크스/바인더 피치 배합에 사용되는 바인더 피치의 양은 침상코크스의 입도, 형상에 따라 조절되며 입도가 작을수록 더욱 많은 양의 피치가 요구되지만 바인더 피치의 함량이 증가할수록 최종적으로 제조되는 인조흑연블록의 물성이 낮아질 우려가 있다. 이에 따라 침상코크스를 적시면서도 유동성을 확보할 수 있는 최소 수준으로 배합하는 것을 기준으로 하

고 있다.

배합된 침상코크스/바인더 피치를 충분히 혼합한 뒤 가열 하에서 혼련 공정이 진행된다. 가열 온도는 피치의 연화점보다 높은 온도로서 일반적인 압출성형 시에는 약 150 ℃ 정도이다. 혼련이 진행됨에 따라 코크스와 피치는 적절한 유동성을 지닌 페이스트 형태로 변화하며, 냉간정수압성형(cold isostactic pressing; CIP)공정에 사용되는 경우는 200 ℃ 이상의 온도에서 장시간 혼련하여 피치의 휘발분 일부를 제거하고 변성시키므로 혼련의 차이가 크다. 혼련물은 성형에 적합한 유동성을 확보하기 위해 100 ~ 140 ℃에서 냉각한 후, 등방가압성형공정을 거쳐 성형체로 제작된다. 등방가압성형공정은 크게 열간프레스를 이용한 몰드 성형법과 CIP로 나뉘며, 제조되는 성형체의 형상에 영향을 미친다. 성형체는 700 ~ 1,000 ℃의 탄소화 공정을 거쳐 탄소블록으로 변화하며, 이 공정에서 성형체는 다량의 휘발분과 분해 가스를 발생시키며 수축하므로 변형과 크랙이 발생하지 않도록 적절한 승온 조건의 조절이 필요하다. 탄소화 공정에 사용되는 전기로는 연속식과 단독로, 셔틀로 등이 있으며, 연속식 전기로가 가장 널리 쓰이고 있다. 연속식 전기로는 여러 대의 전기로를 연속적으로 배치하여 승온 속도를 조절하므로 열효율이 높은 장점이 있으며, 단독로는 낮은 열효율을 가졌으나 사용 목적에 따라 자유로운 승온 조절이 가능한 이점이 있다. 또한, 탄소화 공정을 거친 성형체는 내부에 다수의 기공이 있으므로 고밀도화를 위해 기공 내에 피치의 충전 및 2차 탄소화 공정이 진행되어야 한다. 충전에 사용되는 피치는 기공 내 침투력 증가를 위하여 낮은 점성, 높은 탄화수율을 갖는 피치를 주로 사용한다. 재함침 공정이 진행된 탄소블록은 2,600 ~ 3,200 ℃의 초고온에서 흑연화 공정을 거치면서 인조흑연블록으로 변화하며, 이 공정에 사용되는 흑연화로는 간접 통전 방식의 애치슨로와 직접 통전 방식의 LWG(lengthwise graphitization furnace)가 있다. 애치슨로는 탄소블록의 주위를 덮고 있는 코크스를 발열체를 사용하는 저항가열 방식을 사용하며, LWG는 탄소블록에 전압을 가하여 탄소블록의 저항열을 이용하는 방식으로 열처리 공정에 소요되는 시간이 약 8일 전후로서 애치슨 방식에 소요되는 시간(약 30일)에 비하여 1/4 가까이 공정 시간을 단축할 수 있다.

ㄹ. 음극재의 코팅 두께 및 균일도 조절 기술

음극재용 인조흑연의 코팅공정은 음극재의 SEI층 생성, 리튬이차전지의 충방전시 음극재의 화학적 반응을 막아 음극재의 수명(stability)를 향상시킨다. 그림 2.26에는 코팅방법에 따른 피치 코팅 모식도를 나타내었다. 피치 코팅층은 음극재에 균일하게 코팅이 되며 그 두께가 얇을 경우 음극재의 안정성을 저하시키고, 두꺼울 경우 인조흑연의 우수한 전기화학적 특성을 저해하기 때문에 적절한 코팅 기술 개발 필요하다.

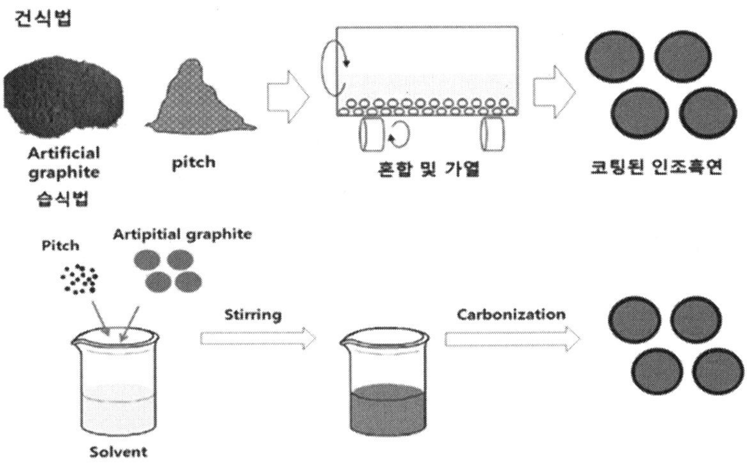

그림 2.26 코팅방법에 따른 피치 코팅 모식도(건식법, 습식법).

음극재의 코팅기술은 사용하는 코팅용 피치의 물성에 많은 영향을 받으며 건식법과 습식법으로 분류된다. 건식법의 경우 연화점 이상의 온도에서 피치를 용융 혹은 유동성을 가지게 한 후 코팅을 하는 방법이며, 습식법은 피치 용해에 적합한 용매를 선정하여 용액을 만든 후 코팅 후 용매를 제거한다. 습식법의 경우 용매제거 공정이 추가되며 용매회수를 위한 공정 추가에 따라 제조단가 상승으로 인하여 건식법이 양산화에 사용되는 것으로 확인되었다.

피치 코팅은 코팅용 피치의 다양한 물성 중 특히 QI(퀴놀린 불용분)가 중요한 물성변수이다. QI는 용융온도 이상으로 피치를 열처리 하여도 고체 상태를 띄면서 음극재의 균일한 코팅을 저해하는 특성이 있다. 코팅용 피치의 주요 물성 중 coking value(고정탄소) 또한 중요한 변수로 피치 코팅 이후 열처리 공정에서 음극재에 잔유하고 있는 탄소질의 질량이 높을수록 소모되는 코팅용 피치가 줄어들어 제조 단가에 직접적인 영향을 미친다.

국내 인조흑연계 음극재 제조사는 ㈜포스코켐텍이 유일하며 현재 ㈜포스코켐텍은 천연흑연에 피치를 코팅하여 제품을 양산 중이며 약 0.5 ~ 1.5 ㎛의 코팅 두께를 가지는 것으로 확인되었다.

ㅁ. 코팅된 음극재의 2차 입자화 기술

음극재의 2차입자화는 최종 제품인 음극재의 입자 크기를 조절하는 기술로 음극재의 전기화학적 특성이 가장 직접적인 영향을 미친다. 음극재의 평균입자크기, 음극재의 입도 분포 그리고 입상에 따라 음극재의 특성에 큰 영향을 나타내는 것으로 확인하였다. 문헌상 음극재의 평균 입도는 약 10 ㎛ 전후의 두께가 전기화학적 특성이 우수한 것으로 알려져 있으나, 최종 이차전지 생산공정에 적합한 평균입자크기와 차이를 보이고 있다. 따라서 특성 입자크기의 조절기술뿐만 아니라 다양한 입자크기에 따른 생산 조건이 필요하여 pilot-scale 혹은 plant-scale에서부터 해당 기술의 데이터 베이스(DB)화가 필요하다. 음극재의 입자 형상 즉, 입상에도 큰 영향을 받으며 일반적으로 전극밀도(loading level) 향상을 위하여 구상(sphere)의 음극재가 전극밀도형상에 가장 적합한 것으로 알려져 있다. 음극재의 평균입도는 일반적으로 입도분포가 좁은 제품의 경우 우수한 물성을 가질 것으로 보이나 입도분포가 좁을 경우 탭밀도 혹은 전극밀도가 낮은 것으로 확인되었다. 따라서 약간의 입도분포가 존재하는 제품을 선호하며 실제 상용 음극재의 경우 약 1~2 ㎛의 입도분포를 가지는 음극재가 선호된다.

2.2.3. 기타(탄소소재 외 음극재)

2.2.3.1. 비탄소재

리튬이온전지 음극재 소재 중 비탄소계의 소재로서 대표적으로 실리콘이 사용된다. 실리콘(silicon, Si)은 이론적 이론용량이 4,200 mAh/g로, 흑연에 비하여 약 10배 정도 높은 값을 가지기 때문에 흑연을 대체할 수 있는 차세대 음극 활물질로 주목 받고 있다. 이론적으로 흑연의 경우 탄소(C) 6개당 1개의 리튬이온과 반응하지만 Si는 Si 1개당 4.4개의 리튬이온과 반응한다. 그러나 리튬이온의 삽입과 탈리 반응이 일어나는 과정에서 일어나는 부피팽창으로 인해 그 구조가 붕괴되어 활물질 사이의 전기적 접촉성이 저하되거나, 집전체로부터 활물질이 박리되는 현상이 발생한다. 이에 따라 이론적 용량이 급격히 감소하고 지속적인 사이클 성능 유지가 어렵다는 단점이 있다. 즉, Si는 Li과 합금을 형성할 수 있는 준금속 원소로 높은 용량 특성을 보임에도 불구하고 상용화되지 못하고 있는 이유는 금속이 Li과 합금화하는 과정에서 구조적으로 큰 변화가 일어나고 큰 부피팽창이 일어나기 때문이다. 식(2.2)에 나타낸 Li과 금속의 반응에 의해 $Li_x^+M_x^-$가 형성될때, 금속은 Li 이온을 축적할 뿐 아니라 Li 이온과 동일한 수의 전자도 받아들이게 된다. 즉, 금속은 다음의 전하 이동(charge transfer) 반응에 의해 중성 원자에 비해 반경이 큰 음이온 상태가 된다[41].

$$Mo + xe^- \leftrightarrow Mx^- \quad (2.2)$$

이러한 결과로 Li이 삽입된 금속은 Li이 없을 경우와 비교하여 그 부피가 100 ~ 400% 증가하게 되고, Si의 경우 부피 팽창률은 400%에 이른다. 충전 초기에 리튬이 금속과 합금화 반응이 일어나면서 과도한 부피팽창으로 입자 내에 균열이 발생하게 되고, 이어서 추가적인 합금화 반응이 지속되면 균열에 의한 파괴로 새로운 표면이 형성되면서 최종적으로 전해질 분해에 의한 고체 전해질 계면(SEI)막이 표면에 새롭게 형성된다. 더불어, 금속과는 달리 Li 합금은 이온결합 특성인 $Li_x^+M_x^-$이므로 일반적으로 부서지기 쉽고, 부피변화에 따른 기계적 응력에 의해 기계적 안정성(mechanical stability)이 떨어진다. 따라서 Li 합금(alloy)을 형성할 수 있는 금속 원소를 사용하였을 때 전극에서는 균열(crack)이 발생하고 부서져 입자간의 전기적 접촉이 떨어지게 됨으로써 수 사이클의 충/방전 이내에 용량이 급격하게 감퇴하는 문제점이 발생하게 된다[42]. 그림 2.27에 Si 전극의 리튬 이온의 삽입, 탈리에 의한 균열을 나타내었다. 부피팽창으로 인한 입자의 균열이 항상 방사형으로 생기는 것이 아니고 불규칙하게 발생하기 때문에 입자 내부 어딘가에는 전해질이 접하지 못하거나 전기적으로 차단되는 부분이 생기게 된다. 이렇게 고립된 파편입자는 전기화학적 반응에 참여하지 못하게 되고 결국 큰 용량 손실이 발생하고 실제 응용을 저해하는 주요 원인이라 할 수 있다[43]. 또한 계면 응력에 의해 전극과 집전체 사이의 단락이 발생하게 되고 고체 전해질 계면(SEI) 층의 연속적인 형성-파괴-개질 과정에서 리튬이온이 계속해서 소모된다. 이러한 모든 과정은 전극의 붕괴 및 용량 감소를 가속화한다. 게다가 Si의 본질적인 낮은 전자 전도성때문에 전기화학반응 속도가 느려지게 된다[44].

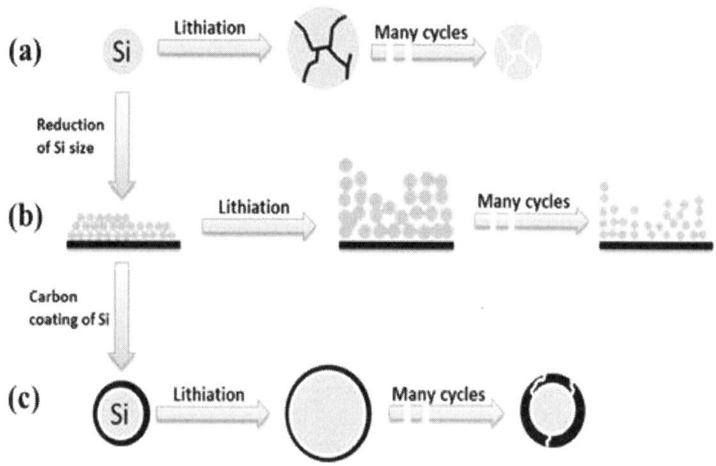

그림 2.27 리튬이온 삽입, 탈리에 의한 Si 전극의 균열 (a) Si 전극의 균열, (b) 미세 Si 입자 전극의 균열 및 (c) 탄소 코팅된 Si 전극의 균열.

최근 이러한 단점을 보완하기 위해 많은 연구가 이루어지고 있으며 그 방법으로 리튬과 반응하는 금속입자의 미세화, 리튬과 반응하는 다중상의 합금, 활성/비활성(active/inactive) 금속 복합체 및 리튬합금/탄소 복합체를 형성하는 방법 등이 제시되고 있다[44].

Si 입자를 나노화하는 방법은 Li 확산거리를 단축시켜 충/방전 시 빠른 합금/비합금화를 유도해 부피 팽창을 억제할 수 있다는 장점이 있다. 그러나 Si입자를 나노화하는 과정 자체가 어렵고, 나노화된 입자들은 반응성이 매우 크기 때문에 실질적으로 나노입자를 얻는 것이 어렵다는 문제점이 있다. 이에 따라 전도성이 뛰어나고 비활성을 띄는 탄소 층을 Si 표면에 코팅하는 방법이 제시되고 있다.

그 예로 Si 및 Si 합금을 탄소로 코팅하여 탄소 내에 Si이 분산되도록 하는 것이 기본 유형으로 되어있다. Si에 탄소코팅을 시킴으로써 Si 입자간의 전기 전도성 및 전해질에 대한 전기화학적 특성을 향상시킬 수 있는 장점이 있다. 이러한 복합체를 제조하는 방법으로는 Si 및 Si 합금 입자 표면에 1,000 ℃ 이상에서 탄소 전구체를 열분해 하거나 Si에 열분해 증착(chemical vapor deposition, CVD)을 사용하여 탄소 전구체를 코팅하는 방법이 있다. Si의 표면에 탄소가 코팅되면 완충제 역할을 하여 Si의 부피팽창을 억제해 전지의 사이클 성능을 향상시키게 된다. 이러한 Si는 금속 밀도가 높기 때문에 높은 에너지 밀도를 얻을 수 있는 장점을 지니고 있지만, 실용화는 위해서는 낮은 전기전도도 문제를 극복할 수 있는 방법으로 개발하는 것이 시급하다. Liu 등은 spray-pyrolysis 방법으로 spheroidal carbon-coated Si composite를 제조였다. 초기 방전용량이 3257 mAh/g 이며, 20 사이클 이후의 1433 mAh/g의 방전용량이 얻어졌고, 쿨롱 효율도 매우 안정적이었다. 이는 탄소 코팅이 리튬 이온 삽입, 탈리시 Si의 안정성을 높아주었기 때문이라 사료된다 [45].

무정형(amorphous) 특성을 지닌 Si를 사용하였을 때 결정형(crystalline) Si를 사용한 전극보다 사이클 특성이 크게 증가하는 것이 여러 연구를 통하여 알려져 있다. 이러한 이유는 무정형의 Si는 리튬이온이 삽입/탈리 반응이 일어날 때 Si의 결정구조 변형이 감소됨에 따라서 부피팽창이 적게 일어나기 때문이다. 이에 따라 높은 용량을 가지면서 안정적인 사이클 특성을 보인다는 보고가 있다. 더욱이, Si에 탄소코팅을 실시함에 따라서 탄소코팅 층이 리튬이온이 삽입/탈리되는 과정에서 Si 입자의 부피팽창을 안정화하는 것으로 알려져 있다. 즉, Si의 표면을 탄소로 코팅함으로써 전극물질들과 집전체 사이에 전기전도도를 향상 시킬 뿐만 아니라 Si의 부피팽창을 억제하여 탄소 복합체의 높은 용량과 안전적인 사이클 특성을 나타낸다[45].

또한 Si의 부피팽창으로 인한 전극의 크래킹 현상을 막기 위하여 다공성의 Si를 합성하여 부피팽창에 대한 버퍼 층을 형성함으로써 전극소재로 사용하는 연구들도 보고되었다. 이러한 다공성의 Si는 전해액과의 접촉 면적도 증가시켜 리튬이온의 확산이 빠르게 일어나게 되는 장점이 있다. 또한, 다공성의 Si를 합성을 통하여 제조할 경우, 무정형의 Si가 만들어진다. 이는 앞서 언급되었듯이 결정 구조의 변형이 감소되어 부피팽창이 적게 일어나는 것으로 알려져 있어 사이클 특성이 크게 개선되는 연구결과가 보고된 바 있다[45].

Zhou 등은 보론이 도핑된 실리콘 웨이퍼의 직접 에칭하여 다공성 실리콘 나노와이어를 제조하여 우수한 사이클 특성을 갖는 리튬이차전지를 제조하였다. 2, 4 및 18 A/g의 전류속도에서 2,000, 1,600 및 1,100 mAh/g의 방전용량이 250 사이클까지 유지되었다. 이는 실리콘 나노 와이어의 높은 기공성과 전기 전도성에 의해 높은 구조적 안정성을 갖기 때문이라 사료된다[46].

또한, 리튬이차전지 연구는 높은 전지용량과 안정적인 cycle life 특성을 갖는 음극 재료로서 금속(금속 산화물)과의 다양한 복합 소재를 개발하는 것에 집중되고 있다. 금속 산화물로 구성된 음극활물질이 충전 및 방전시 리튬과 반응 할 때에는 크게 2가지의 서로 다른 거동을 나타낸다. 즉, 결정구조를 유지한 상태에서 리튬을 삽입/탈리 하는 경우와 리튬과 반응시 산화물이 분해되는 경우이다. 후자의 경우에 속하는 금속산화물에는 CoO, NiO, FeO 등의 전이금속 산화물 및 TiO_2산화물이 있으며, 대체로 비가역 용량이 크며 평균방전 전압도 약 0.8~2.0 V정도로 높다. 예를 들어, SnO_2는 높은 이론적 용량을 가지지만 리튬이온의 반복적인 충/방전으로 인하여 급격한 부피변화가 일어나는 것으로 알려져 있다. 이러한 문제는 높은 전기전도도 및 기계적 강도를 갖는 그래핀을 SnO_2와 복합화함으로써 해결할 수 있으며, 그래핀이 SnO_2의 입자 사이로 침투함에 따라서 SnO_2나노 입자/그래핀 복합체가 제조되었으며, 이는 100번의 충/방전 후에도 1,220 mAh/g의 높은 방전용량을 보여주었다[47]. 또한 Fe_3O_4 나노 막대를 그래핀에 심어서 867 mAh/g의 높은 방전용량과 반복되는 충/방전 사이클 후에도 5% 정도의 용량 감소만을 보이는 우수한 방전용량 및 안정성을 갖는 이차전지를 개발하기도 하였다[48].

현재까지 리튬이차전지 비탄소재 음극활물질의 금속으로 Si 및 Sn이 주로 집중적으로 연구가 되고 있지만, 이론적 용량이 높은 Ge, Pb, Al, Ni, Fe 및 P 등에 대해서도 많은 연구가 진행될 필요성이 있다.

참고문헌

[1] 강용묵, 리튬 이차 전지용 음극소재 개발, NICE 30(4) (2012) 429~434.

[2] 정두환, 문승현, 한상도, 윤성호, 이영석, 이시훈, 박주석, 백일현, 안계혁, 신탄소재료 입문, 대교출판사 (2000) 11~13.

[3] 정영민, 조원일, 리튬이온이차전지 기술 동향과 미래 전망, 세라미스트 13(5) (2010) 7~14

[4] 박양덕, 전기로용 인조흑연 전극봉 제조기술, 고분자과학과 기술 8(2) (1997) 155~162.

[5] Y. Okamoto, J. Phys. Chem. C 118 (2014) 16~19.

[6] L. Mandeltort, J.T. Yates, J. Phys. Chem. C 116 (2012) 24962~24967.

[7] J.H. Shim, S. Lee, J. Power Sources 324 (2016) 475~483.

[8] Y. Lin, Z.H. Huang, X. Yu, W. Shen, Y. Zheng, F. Kang, Electrochim. Acta, 116 (2014) 170~174.

[9] A.K. Roy, M. Zhong, M.G. Schwab, A. Binder, S.S. Venkataraman, Z.

[10] 김성수, 리튬이차전지용 음극 소재 기술 개발 동향, J. Korean Electrochem. Soc. 11(3) (2008) 211~222.

[11] T. Deng, X. Zhou, Mater. Lett. 176 (2016) 151~154.

[12] S. Lim, J.H. Kim, Y. Yamada, H. Munakata, Y.S. Lee, S.S. Kim, K. Kanamura, J. Power Sources 355 (2017) 164~170.

[13] X. Wu, X. Yanga, F. Zhang, L. Cai, L. Zhang, Z. Wen, Ceram. Int. 43 (2017) 9458~9464.

[14] J.S. Xue and J.R. Dahn, J. Electrochem. Soc., 142 (1995) 3668.

[15] E. Peled, C. Menachem, D. Bar-Tow, and A. Melman, J. Electrochem. Soc., 143 (1996) L4.

[16] M. Hara, A. Satoh, N. Tamaki, and T. Ohsaki, Tanso, 165 (1994) 261.

[17] T. Nakajima, M. Koh, R.N. Singh, and M. Shimada, Electrochim. Acta, 44 (1999) 2879.

[18] V. Gupta, T. Nakajima, Y. Ohzawa, and H. Iwata, J. Fluorine Chem., 112 (2001) 233.

[19] T. Nakajima, V. Gupta, Y. Ohzawa, M. Koh, R.N. Singh, A. Tressaud, and E. Durand, J. Power Sources, 104 (2002) 108.

[20] T. Nakajima, V. Gupta, Y. Ohzawa, H. Iwata, A. Tressaud, and E. Durand, J. Fluorine Chem., 114 (2002) 209.

[21] T. Nakajima, J. Li, K. Naga, K. Yoneshima, T. Nakai, and Y. Ohzawa, J. Power Sources, 133 (2004) 243.
[22] J. Ki, K. Naga, Y. Ohzawa, T. Nakajima, A.I. Shames, and A.M. Panich, J. Fluorine Chem., in press.
[23] R. Takagi, T. Okubo, K. Sekine, and T. Takamura, Denki Kagaku, 65 (1997) 333.
[24] M. Yoshino, H. Wang, K. Fukuda, Y. Hara, and Y. Adachi, J. Electrochem. Soc., 147 (2000) 1245.
[25] H. Wang, M. Yoshino, T. Abe, and Z. Ogumi, J. Electrochem. Soc., 149 (2002) A499.
[26] M. Yoshino, H. Wang, K. Fukuda, T. Umeno, N. Dimov, and Z. Ogumi, J. Electrochem. Soc., 149 (2002) A1598.
[27] Y.-S. Han and J.-Y. Lee, Electrochim. Acta, 48 (2003) 1073.
[28] Y. Ohzawa, M. Mitani, T. Suzuki, V. Gupta, and T. Nakajima, J. Power. Sources, 122 (2003) 153.
[29] N. Watanabe, T. Nakajima, and H. Touhara, Graphite Fluorides, Elsevier, Amsterdam, 1988.
[30] T. Nakajima and N. Watanabe, Graphite Fluorides and Carbon-Fluroine Compounds, CRC Press, Boca Raton, 1991.
[31] T. Nakajima (Ed.), Fluorine-Carbon and Fluorine-Carbon Materials – Chemistry, Physics and Applications, Marcel Dekker, New York, 1995.
[32] R. Fong, U. von Sacken, and J.R. Dahn, J. Electrochem. Soc., 137 (1990) 2009.
[33] R.A. Adams, A.D. Dysart, R. Esparza, S. Acuna, S.R. Joshi, A. Cox, D. Mulqueen, V.G. Pol, Ind. Eng. Chem. Res. 55 (2016) 8706~8712.
[34] J. Zhang, J. Xiang, Z. Dong, Y. Liu, Y. Wu, C. Xu, Electrochim. Acta 116 (2014) 146~151.
[35] J. Xiang, W. Lv, C. Mu, J. Zhao, B. Wang, J. Alloy. Compd. 701 (2017) 870~874.
[36] S.M. Jafari, M. Khosravi, M. Mollazadeh, Electrochim. Acta 203 (2016) 9~20.
[37] A.K. Mondal, K. Kretschmer, Y. Zhao, H. Liu, H. Fan, Micropor. Mesopor. Mat. 246 (2017) 72~80.
[38] E. Frackowiak, S. Gautier, H. Gaucher, S. Bonnamy, and F. Beguin, Carbon 37(1) (1999) 61.
[39] F. Leroux, K. Metenier, S. Gautier, E. Frackowiak, S. Bonnamy, and F. Beguin, J. Power Sources 81 (1999) 317.
[40] 박양덕, 전기로용 인조흑연 전극봉 제조기술, 고분자과학과 기술 8(2) (1997) 155.
[41] 박정기, 강기석, 김동원, 김성수, 김재국, 도칠훈, 박홍규, 송승완, 이상영, 이성만, 이

영기, 이용민, 이창우, 한규승, 홍영식, 리튬이차전지의 원리 및 응용, 홍릉과학출판사 (2010) 6.
[42] Y. Kang, NICE 30(4) (2012) 429.
[43] G.H. Jeong, B.K. Na, Clean Technol. 19(1) (2013) 44.
[44] A. Casimir, H. Zhang, O. Ogoke, J.C. Amine, J. Lu, G. Wu, Nano Energy 27 (2016) 359.
[45] J.Y. Park, M.Z. Jung, J.D. Lee, Appl. Chem. Eng. 26(1) (2015) 80.
[46] J.Y. Park, M.Z. Jung, J.D. Lee, Appl. Chem. Eng. 26(5) (2015) 543.
[47] Z.L. Wang, D. Wu, H.G. Wang, Z. Wu, X.B. Zhang, ACS NANO 7(3) (2013) 2422.
[48] 한유진, 권연주, 이제욱, 임지선, 리튬이차전지용 탄소재료의 연구동향, 고분자 과학과 기술 28(3) (2017) 195.

3. 음극활물질의 소재특성 평가

리튬이자전지 음극활물질의 소재 특성을 평가하기 위하여, 주요 소재 특성 평가 방법인 X-선 회절 분석, 푸리에변환 적외선 분광분석법, 라만 분광분석법, X-선 광전자분석, 투과전자 현미경, 주사전자현미경, BET분석 등에 대하여 알아보고자 한다.

3.1. X-선 회절(X-ray diffraction, XRD)

리튬이온전지의 대표적 음극재인 흑연의 물성을 평가하는데 있어서, X-선 회절 분석이 중요한 분석 중에 하나이다. 따라서, X-선 회절분석에 대하여 자세히 살펴보고자 한다.

3.1.1. X-선 회절 분석

X선을 결정에 부딪히게 하면 그중 일부는 회절을 일으키게 되는데, 그 회절각과 강도는 물질구조마다 고유한 것으로서 이 회절 X선을 이용하여 시료에

함유된 결정성 물질의 종류와 양에 관계되는 정보를 알 수 있다. X선 회절법은 결정성 물질의 구조에 관한 정보를 얻을 수 있는 분석방법 중 하나이다.

결정질 고체 화합물 시료 내부에는 원자들이 주기적으로 배열하여 공간격자를 형성하고 있으며, 그 간격은 수 Å 정도이다. X-선은 파장이 약 1 Å인 전자기파로 파장이 원자의 크기와 비슷하다. 이러한 X-선이 고체결정에 입사되면 각 원자로부터 산란된 X-선이 서로 간섭해서 회절현상이 나타난다. 그림 3.1에 나타낸 바와 같이, 같은 간격으로 주기적으로 늘어선 원자들의 격자면(plane)의 간격을 d (Å), 그 면에 대한 X-선의 입사각과 반사각을 θ라고 하면, 인접한 격자면에 의한 산란파와 광로차(light path differaction)에 해당하는 2d sinθ가 파장(λ)의 정수배 n과 같을 때만 위상이 일치하여 회절이 발생한다. 이는 다음 식 (3.1)로 표시되며, 이를 Bragg의 법칙이라 한다[1,2].

$$2d \sin\theta = n\lambda \qquad (3.1)$$

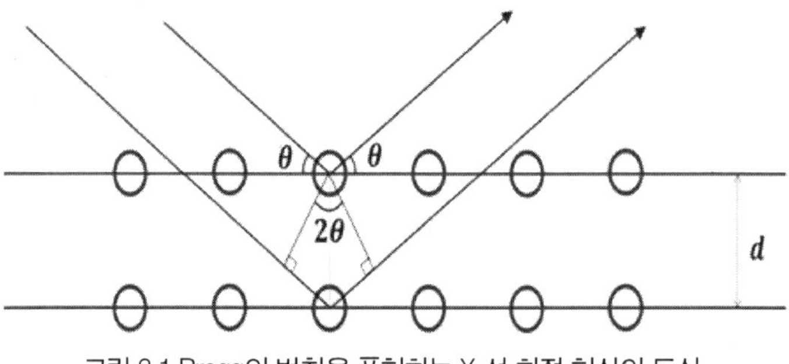

그림 3.1 Bragg의 법칙을 표현하는 X-선 회절 현상의 도식.

X-선 회절패턴에 나타나는 피크들의 2θ 위치로부터 격자면간 거리인 basal spacing (d)를 위의 Bragg의 법칙을 통해 구할 수 있다. 입사 X선의 각도를 연속적으로 변화시키면서 회절 X선의 강도를 기록하면 강도가 다른 복수의 회절피크로부터 패턴을 얻을 수 있다. 결정성 물질의 원자와 나란한 방향, 즉 결정

구조는 물질에 따라 상이하며 회절 패턴은 물질의 고유한 값이 된다. 따라서 회절 패턴에 나타난 모든 피크의 위치를 분석함으로써 결정 구조내의 격자면의 분포를 추정할 수 있고, 이를 통해 결정구조에 대한 정보를 얻을 수 있다.

일반적으로 XRD 분석을 통해 얻을 수 있는 정보는 다음과 같다.

(1) 결정상 확인(crystalline phase identification): 결정상의 공간군(space group)과 단위 셀(unit cell) 인자를 구함으로써 결정구조를 확인할 수 있으며, 패턴상의 피크 위치와 피크 강도로부터 시료의 결정상(crystalline phase)을 확인할 수 있다. 이 때, Joint Committee on Powder Diffraction Standards (JCPDS) 및 International Center for Diffraction Data (ICDD)가 보유한 분말회절패턴 데이터베이스 테이블이 유용하게 사용된다. JCPDS 카드는 이미 알려진 물질에 대한 결정상 정보를 모아놓은 것으로, 그 안에 그 물질의 공간군, 단위 셀 크기 등의 결정학적 정보와 회절 패턴의 피크 정보들이 수록되어 있다. 또한 불순물이 있는 경우 불순물의 정성적 확인도 가능하다. 실제 시료의 경우, 간혹 단일상(single phase) 물질의 패턴과 함께 소량의 불순물 패턴이 겹쳐져 나타나기도 한다. 불순물의 XRD detection limit은 5~10 wt%이므로 그 이하 함량의 불순물들은 XRD 분석으로 확인하기 어렵다. 특정 격자면으로 배향되어 형성된 나노구조의 분말시료 또는 박막시료의 경우, 그 배향 격자면의 피크 크기가 타 피크들보다 강하게 나타나는 특징이 있다.

(2) 결정화도(crystallinity): 결정성이 높은 물질은 X-선 회절 패턴에서 뾰족한 피크 모양(즉, 좁은 half-width)을 보이는 반면, 액체나 유리(glass)상을 나타내는 물질들은 결정성이 낮아 피크가 넓게 분산되어 나타난다. 고분자의 경우, semicrystalline 특성의 패턴을 보이는데, 이는 시료 내에 결정체가 부분적으로 존재하기 때문이다. 따라서 분말 XRD를 이용하면 피크의 모양과 강도로부터 물질의 결정화도를 구할 수 있다.

(3) 결정크기(crystallite size): 입자크기는 X-선 피크의 넓어지는 효과(line

broadcasting effect)를 근거로 하는 Sherrer식으로부터 구할 수 있다. 분말시료의 입자크기가 평균 0.2 ~ 20 ㎛ 정도이며, 결정성이 높은 1차(primary) 입자의 경우 회절선이 선명하게 구분되어 관측된다. 이 1차 입자의 크기가 0.2 ㎛보다 작아지게 되면 비정질성의 회절 패턴을 보인다. Sherrer식은 이러한 현상을 이용하여 평균 입자크기를 구할 수 있게 하며, 이는 식 (3.2)로 주어진다.

$$t = \frac{k\lambda}{B\ \cos\ \theta} \qquad (3.2)$$

여기서, t는 입자크기, k는 형상 인자(보통 0.9 내지 1.84의 값을 취함), λ는 X-선 파장, B는 피크의 중간 높이에서의 폭(full width of the peak at half maximum, FWHM; 일반적으로, radian으로 표현됨), 그리고 θ는 입사각을 각각 나타낸다.

이 외에도 입자의 불균일 변형(random strain, non-uniform distoration) 등을 알 수 있는데, 그 이유는 결정이 국부적으로 다른 변형을 받으면 격자면 간격이 변화해서 회절선의 폭이 넓어지기 때문이다. 이 효과는 회절각이 클수록 커지며 회절선폭의 각도 의존성을 조사하여 결정의 불균일변형 정도를 확인할 수 있다.

XRD 장치는 기본적으로 X-선 source, goniometer, filter, 회절된 X-선을 모으는 detector로 이루어져 있다. X-선 source로는 Cu, Fe, Mo, Ag 등의 금속이 사용되며 Cu가 특히 많이 사용된다. 필라멘트에 3~10만 V의 고전압을 인가하면 고에너지 전자빔이 방출되고, 방출된 전자빔을 Cu와 같은 금속 표적에 조사하면 Cu의 1s 전자가 이온화되고 1s 에너지준위의 빈자리를 2p 또는 3p 에너지준위의 전자가 채우면서 1s-2p 또는 1s-3p 전이에너지를 광에너지로 방출하는데, 이렇게 방출되는 복사광이 X-선이다.

K 각의 빈 자리가 L 각으로부터 이동된 전자에 의해 채워져 생기는 X-선은

K_α, M각의 전자로부터 채워져 생기는 X-선은 K_β선이 된다. X-선 회절광원으로는 대부분 Cu-K_α 이중선이 사용된다. Cu-K_α선은 Cu-$K_{\alpha1}$선과 Cu-$K_{\alpha2}$ 선의 이중선으로 이루어져 있는데, 이는 2p 에너지준위의 전자가 1s 에너지준위의 빈자리를 채울 때 스핀 양자수 +1/2의 전자가 전이하는 것과 스핀 양자수 -1/2의 전자가 전이하는 것에 따라 전이에너지의 차이가 있기 때문이다. 한편, XRD 분석 시 Cu-K_β선은 Ni-film 필터를 이용하여 제거할 수 있는데 그 이유는 다음과 같다. Cu-K_α선 및 Cu-K_β선의 파장은 각각 1.5418 Å 및 1.3922 Å이고, Ni 1s 전자의 이온화를 위해서는 1.488 Å보다 짧은 파장의 복사선이 필요한다. Cu source X-선을 Ni film 필터에 조사하면 Cu-K_β선은 Ni 1s 전자를 이온화시키기 위해 흡수되고 Cu-K_α이중선은 Ni 막 필터(film filter)를 관통하기 때문에 Cu-K_α이중선이 XRD 분석에 이용된다[1]. 그림 3.2는 흑연, 하드 카본 및 소프트 카본의 XRD 패턴을 나타낸 것이다. 그라파이트가 (002) 면에서 가장 뾰족한 피크를 나타내어 가장 높은 결정성 가짐을 알 수 있다. 또한 하드 카본의 경우 (002) 면 및 (100) 면의 피크가 넓고 약하게 나타나 평행하게 적층 및 응집된 그래핀 시트가 작은 도메인 형태로 존재함을 알 수 있다[3].

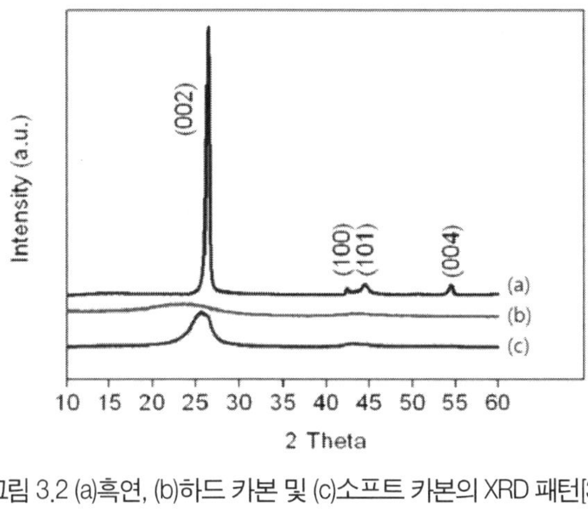

그림 3.2 (a)흑연, (b)하드 카본 및 (c)소프트 카본의 XRD 패턴[3].

3.1.2. In-situ X-선 회절분석

리튬이차전지용 음극소재는 리튬이온이 층간삽입(intercalation) 또는 탈리(deintercalation) 됨에 따라 그 결정구조가 변화하는 경우가 많은데, XRD 패턴에서 피크의 위치 변동 또는 강도 변화 등으로 그 변화를 관찰할 수 있는 방법이 있다. Ex-situ XRD 방법의 경우 결정구조 변화를 관찰하기 위해서는 셀의 전기화학반응을 끝낸 후 셀을 씻고 건조 처리를 해야 하는데, 이 과정 중에 셀이 열역학적으로 보다 안정한 상태로 변화할 수 있어 실제로 전기화학 반응 중 일어나는 구조적 변화를 정확히 추적하기 힘들다. 반면에 In-situ XRD 방법은 위와 같은 문제 없이 실시간으로 결정구조 변화를 관찰할 수 있다.

우선, in-situ 실험을 하기 위해서는 그림 3.3과 같은 in-situ 분석용 전기화학셀이 필요하다[1,4].

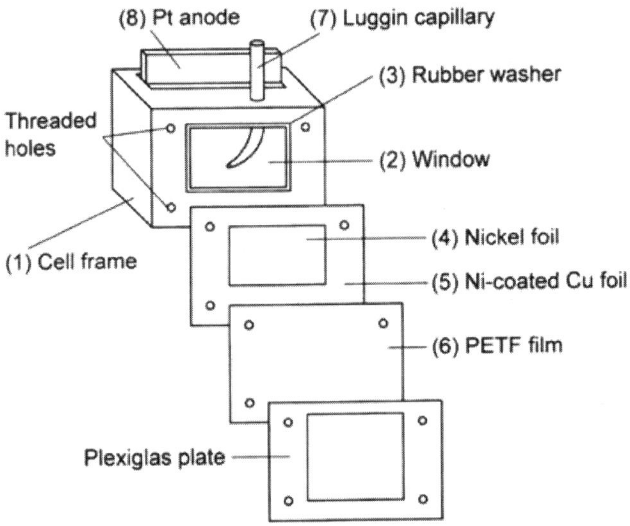

그림 3.3 in-situ XRD 셀의 도식도.

In-situ XRD 셀을 설계하는데 있어서 특히 고려해야 할 점은 XRD는 벌크 시료 분석법이지만 리튬이차전지의 전기화학실험 중 관찰되는 전위는 입자들 표면에서 일어나는 반응에 의해 지배된다는 것이다. 이에 따라, 입자들의 표면반응이 입자 내부로 전달되어 평형에 도달하는 시간을 가급적 최소화하여야 한다. 아울러, 전류밀도가 입자들마다 균일하게 분배되어야 하며, 전지의 내부저항이 최소화되어야 하고, 또 싸이클 동안 전해질의 양이 일정하게 공급되어야 한다. 이 외에도, XRD 빔이 통과하도록 투명한 창(window)이 필요하다. 이 창은 액체 전해질을 넣을 수 있어야 하고 액체가 새어 나오지 않도록 완전히 밀봉해야 하므로 기계적 강도가 높은 부도체 소재인 Be 창이 주로 사용된다[1]. 그림 3.4는 흑연 및 탄소 코팅된 실리콘의 혼합물로부터 제조된 리튬이차전지 음극의 첫 번째 방전 동안의 in-situ XRD 패턴을 나타낸 것이다. XRD 스캔 횟수가 증가함에 따라 (111)면, (220)면 및 (311)면의 피크가 넓어지고 강도가 감소함을 확인할 수 있다[5].

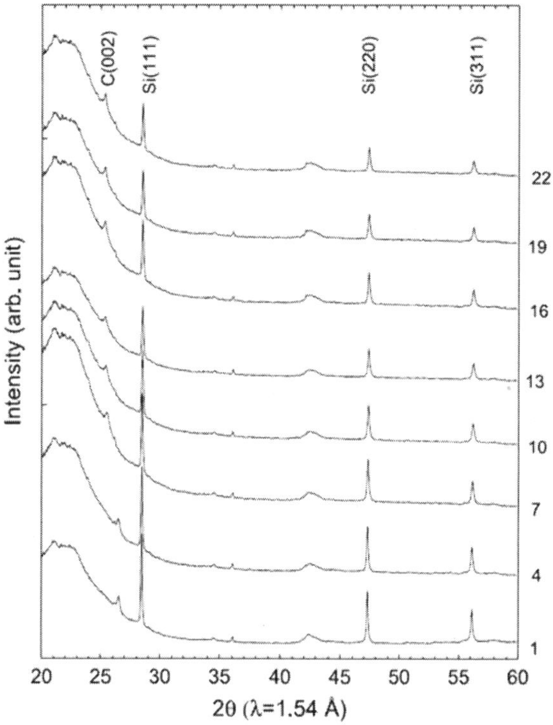

그림 3.4 흑연 및 탄소 코팅된 실리콘의 혼합물로부터 제조된 리튬이차전지 음극의 첫 번째 방전 동안의 in-situ XRD 패턴 (우측의 숫자는 n번째 XRD 스캔을 의미함)[5].

3.2. 푸리에 변환 적외선 분광학(Fourier-transform infrared spectroscopy, FT-IR) 및 라만 분광학 (Raman spectroscopy, Raman)

3.2.1. 푸리에 변환 적외선 분광학 및 라만 분광학의 원리

전자파(electromagnetic radiation)는 그 에너지 세기 또는 주파수에 따라 그림 3.5와 같이 여러 에너지 영역으로 나누어진다. 이 중 적외선 및 가시광선 영역은 분자의 진동에너지 영역에 해당되며 이러한 물질의 진동 현상을 통한 물성 측정을 위해 FT-IR과 Raman을 이용한다.

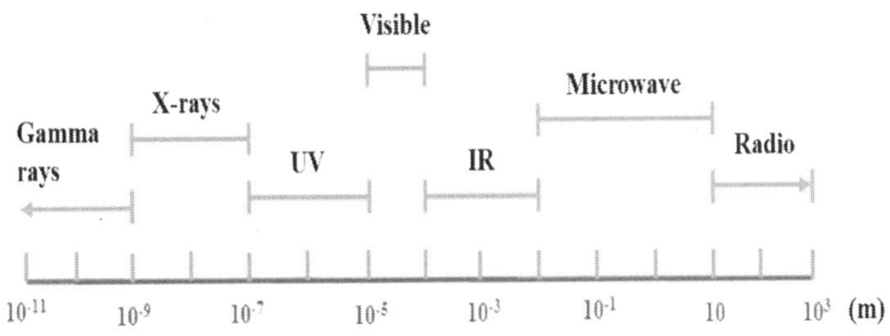

그림 3.5 에너지 세기와 주파수에 따른 전자기 복사선의 종류.

IR은 직접 흡수분광법인 반면, Raman은 시료 분자에 대한 조사광의 두 가지 비탄성적 산란 복사선(1. Stokes 선: 분자로의 에너지 전달을 통한 낮은 에너지로 산란, 2. Anti-stokes 선: 분자로부터의 에너지 흡수를 통한 높은 에너지로의 산란)의 진동수를 해석하여 분자 진동에너지 준위를 유추하는 분광법이다.

그림 3.6은 IR과 Raman의 원리적인 차이를 쉽게 이해할 수 있도록 도와준

다. 진동수 v_1은 특정 분자의 진동 주파수이다. 분자 진동에너지 준위 사이에 전이가 허용되는 분자 진동에너지 준위가 hv_1이라면 hv_1만큼의 직접 IR 흡수를 통해 특정 분자의 진동 주파수 v_1을 측정하는 방법이 IR 분광법이다. Raman 분광법은 Rayleigh scattering의 진동수 v_1에서 Raman shift가 일어난 진동수 차이로부터 특정 분자의 진동 주파수 v_1을 측정한다. 특정 분자의 진동 주파수 v_1을 측정하는 것은 IR 분광이나 Raman 분광 모두 동일하지만 직접 분석이냐 간접 분석이냐에 따라 차이가 있다[1].

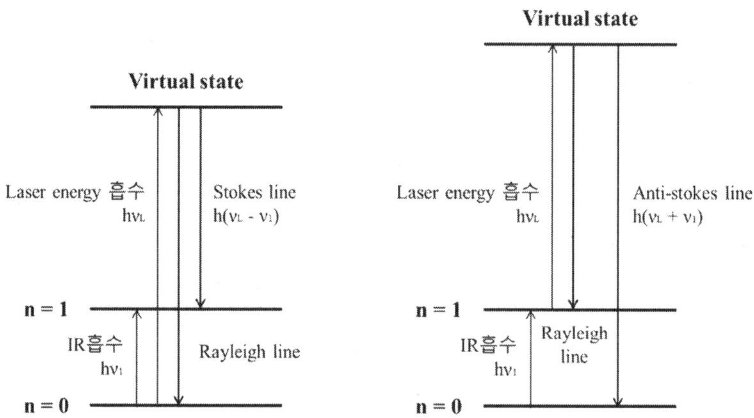

그림 3.6 IR 분광법과 Raman 분광법의 원리 및 차이.

IR과 Raman의 중요한 차이는 두 분광법 모두 분자의 진동 주파수에 대한 정보를 제공하지만 전자 전하의 분포와 원자 변위의 방향에 따라 IR 활성(IR active)과 Raman 활성(Raman active)이 구분된다는 점이다. 즉, 분자가 대칭중심을 갖는 경우, IR active인 진동 모드는 Raman inactive하고, Raman active인 진동 모드는 IR inactive하다. 좀 더 자세히 설명하면 그림 3.7에 보이는 것처럼 분자의 진동 모드가 분자의 쌍극자 모멘트를 변화시키면 IR active이고 Raman inactive이다[1]. 또한 그림 3.8에 보이는 것처럼 복사선과 분자가 에너지전이와 같은 상호작용을 통해 분자의 전자 분포가 섭동되어 편극율이 변하는 진동

모드는 Raman active이고 IR inactive이다.

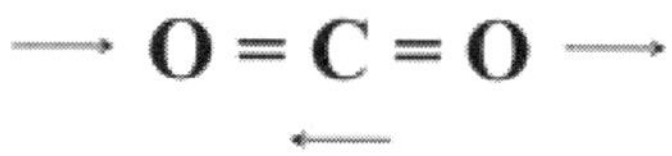

그림 3.7 CO_2 분자의 쌍극자 모멘트를 변화시키는 진동 모드.

그림 3.8 복사선과 분자가 에너지전이와 같은 상호작용을 통해 CO_2 분자의 전자 분포가 섭동되어 편극율이 변하는 진동 모드.

3.2.2. 푸리에 변환 적외선 분광 분석법

분자의 진동 주파수와 적외선의 주파수(3 ~ 25 ㎛)가 일치할 때 적외선 흡수가 일어나게 된다. 흡수된 적외선 에너지는 분자의 진동에너지에 있어서 레벨 간 전이를 유도한다. 시료의 다양한 화학결합 단위에서 한 화학결합 단위의 양끝이 다른 원자일 경우, 이 화학결합 단위는 특정주파수에 진동하는 전기쌍극자를 형성한다. 비대칭결합의 기계적 진동수와 동일한 주파수의 전자기 복사선은 그 전기에너지가 화학결합으로 전이되어 화학결합의 진동에너지로 변환될 수 있으므로 전자기복사선이 화학결합단위로 흡수된다. 이러한 현상을 이용한 흡수분광법이 IR 분광법이다. 앞서 설명한 바와 같이 분자의 진동모드가 분자의 쌍극자모멘트를 변화시키면 IR active 이고 Raman inactive 이다. 그림 3.9는 선형 CO_2 분자 및 비선형 H_20 분자의 진동모드별 IR active 여부를 보여준다[1].

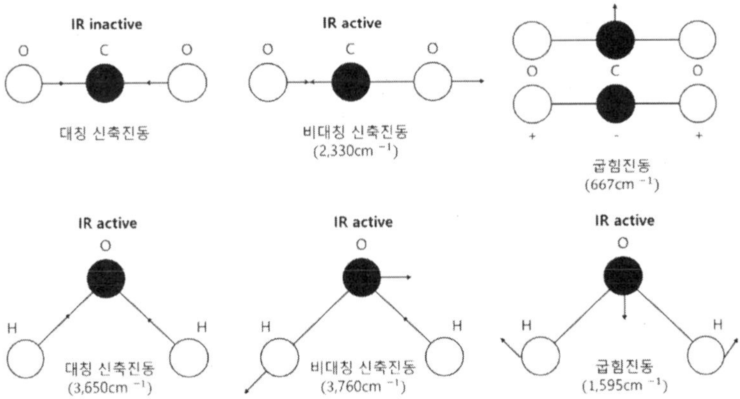

그림 3.9 선형 CO_2 분자 및 비선형 H_2O 분자의 진동 모드별 IR active 여부.

다양한 유기 작용기의 화학결합 진동 모드가 mid-infrared 영역인 4000~400 cm^{-1}파장영역에서 관찰되므로 적외선 분광스펙트럼을 유기화합물의 fingerprint라고 부른다. 흡수 밴드 파장수의 이동이나 강도의 상대적 변화는 그 화합물 내의 화학구조가 변하거나 주변 화학적 환경이 변화되었음을 의미한다. 적외선 분광스펙트럼을 얻는 방법에는 투과(transmission), 반사(reflection), 확산반사율(diffuse reflectance), 내부반사(internal reflection) 모드 등이 있다. 투과 모드는 오로지 투명한 기판이나 시료에만 적용되며 입사광을 흡수하지 않아야 한다. 분말시료를 KBr 시료와 혼합해 펠렛화시키면 투명한 디스크 형태의 측정시편을 얻을 수 있다. 흡수된 적외선은 투과도 또는 흡광도(absorbance)로 표시될 수 있다. 반사 모드는 reflection infrared spectroscopy (RAIRS) 또는 infrared reflection absorption spectroscopy (IRAS)로 알려 져 있는데, near grazing incidence를 할 수 있는 금속 단결정 시료 측정에 유용하다. 확산반사율(diffuse reflectance) 모드에서는 파우더(powder)의 거친 표면에서 입사광을 산란시키는데 이때 산란광을 모두 모아 흡수 스펙트럼을 얻게 된다. 시료의 투과도가 높지 않아 투과모드를 이용할 수 없는 경우에 적합하다. 내부반사 모드에서는 입사광의 반사율이 매우 높은 diamond, germanium, ZnSe

등과 같은 internal reflection element (IRE) 의 끝에 초점이 맞춰지고 광이 IRE에 들어가면 IRE 내에서 계속적인 반사가 일어난다. 이 때 시료를 IRE 위에 올려 접촉시키면 적외선 영역에서 낮은 반사지수를 가지는 시료가 빛을 흡수하기 때문에 높은 반사지수를 가지는 IRE의 반사율이 감소하면서 attenuated total reflection(ATR)이 얻어진다. 각각의 내부반사에서 적외선이 시료표면에서 주로 흡수되므로 표면분석에 적당하다.

리튬이차전지 분야에서는 FT-IR 분석을 이용하여 주로 다음과 같은 정보를 얻을 수 있다.

(1) 액체 및 고분자 전해질의 성분분석 및 국부구조
(2) 무기전극물질의 국부구조
(3) 전극 표면에 형성된 SEI 층 성분 분석을 위한 ex-situ와 in-situ 분석

그림 3.10은 인조흑연 및 그래핀 나노 시트의 FT-IR 스펙트럼을 나타낸 것이다. 인조흑연과 달리 그래핀 나노 시트에는 여러 관능기가 존재함을 알 수 있다[6].

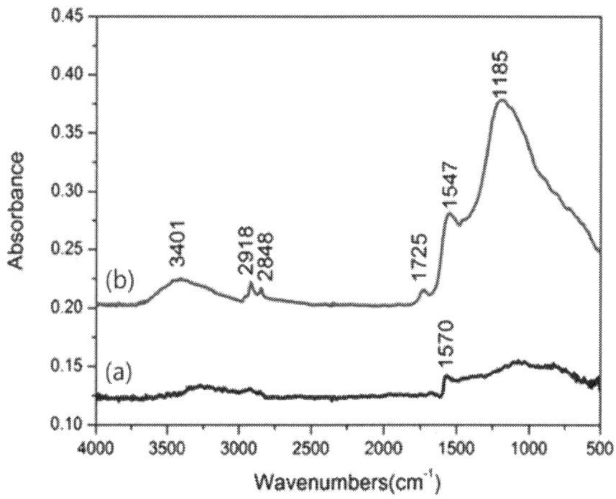

그림 3.10 (a)인조흑연 및 (b)그래핀 나노시트의 FT-IR 스펙트럼[6].

3.2.3. In-situ 푸리에 변환 적외선 분광 분석법

전극 표면에서 일어나는 전해질의 산화/환원 반응은 전해질을 분해시키며 이들이 전극 표면에 침전 또는 흡착되어 SEI 층을 이루는데, 이 층 형성에 대한 직접적인 정보를 얻으려면 In-situ FT-IR을 사용하는 것이 가장 효과적이다. 그림 3.11에 In-situ FT-IR 셀의 모식도를 나타내었다[7].

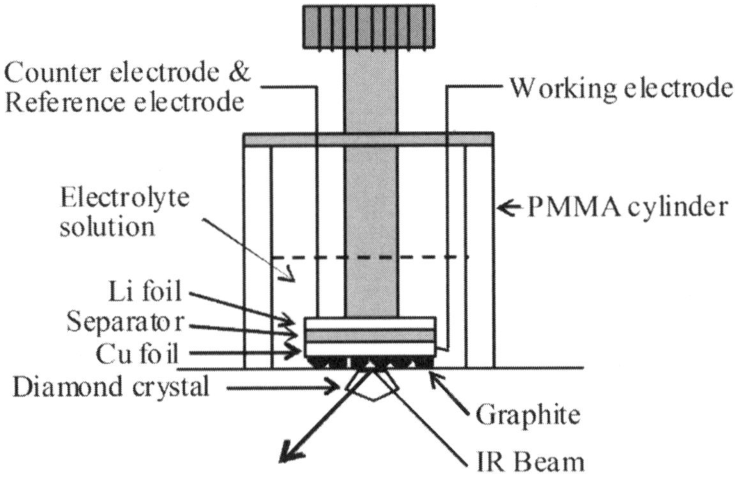

그림 3.11 In-situ IR 셀 모식도.

3.2.4. 라만 분광 분석법

빛이 어떤 매질을 통과할 때 빛의 일부는 산란되어 진행 방향에서 이탈해 다른 방향으로 진행한다. 이때 산란된 빛은 원래의 에너지를 그대로 가지고 있기도 하지만 원래 빛의 에너지 보다 적거나 많은 에너지를 그대로 유지하면서 산란되는 과정인 레일리 산란이 일어나기도 하고, 에너지를 잃거나 얻으면서 산란되는 과정인 라만 산란 일어나기도 한다. 가시광선 또는 자외선과 같은 입사 전자기 복사선의 입사 광자는 분자의 진동수를 증가시키는 과정에서 감소된 에너지(낮은 주파수)의 산란 복사선 또는 증가된 에너지(높은 주파수)의 산란 복사선을 방출하는데 이렇게 산란된 복사선 진동수는 분자 진동 에너지 준위에 대한 정보를 제공한다. Rayleigh scattering의 진동수에서 낮은 주파수와 높은 주파수로 이동된 Raman shift가 일어난 진동수 차이를 통해 특성 분자의 진동 주파수를 알 수 있는 방법이 라만 분광분석법이다.

입사된 광자는 분자 내에 전기쌍극자 생성을 유도하고 이 전기 쌍극자와 분자의 진동 또는 회전 에너지 준위가 결합하여 새로운 에너지 준위가 형성된다. 결과적으로 전기쌍극자가 입사광의 주파수로 공진할 뿐만 아니라, 분자의 진동 또는 회전 진동수를 더하거나 뺀 진동수로 진동하기 때문에 Stokes 또는 anti-Stokes Raman 산란광이 발생하게 된다. 그림 3.12에 나타난 바와 같이 물질이 빛과 상호작용을 하면 순간적으로 가상(virtual state)의 에너지 준위로 전자가 여기된다. 가상의 에너지 준위로부터 전자가 기저 상태로 전이되면서 빛을 방출하게 되는데, 이 때 여기 상태로 올라가기 전과 같은 상태로 전이되면서 나오는 빛을 Rayleigh 산란, 에너지를 잃으면서 초기보다 높은 진동에너지 준위로 전이되면서 나오는 빛을 Stokes 산란, 에너지를 얻으면서 초기보다 낮은 진동에너지 준위로 떨어지면서 나오는 빛을 anti-Stokes 산란이라 한다. Rayleigh 산란을 경계로, 장파장(진동수가 낮은) 쪽의 것을 Stokes선, 단파장(진동수가 높은) 쪽을 anti-Stokes선이라 부른다. 보통 화합물은 상온에서 기저상태에 존재하기 때문에 Stokes선에 해당하는 광과의 상호작용이 일어난다. Rayleigh선과 Stokes선 사이의 차이를 Raman shift라 부른다. Raman 스펙트럼은 Raman shift의 주파수와 Raman 선의 강도로 표시된다[1].

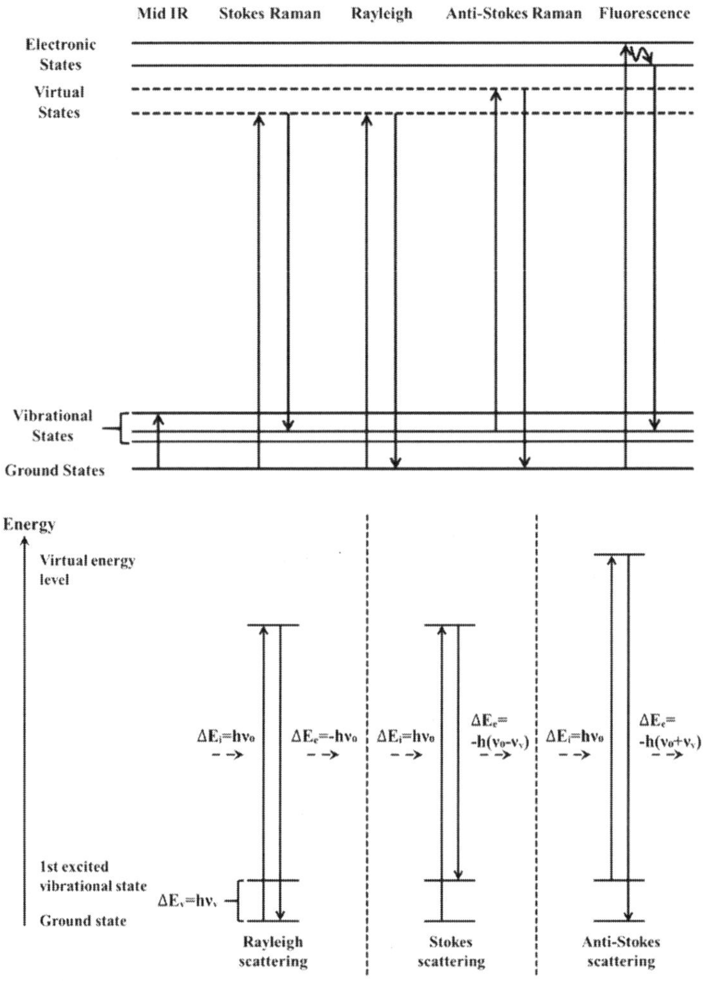

그림 3.12 Raman 분광학 관련 에너지 흡수에 의한 분자 진동에너지 전이.

IR 분광분석법은 분자의 쌍극자 모멘트 전이의 변화를 통 해 진동에너지를 측정 하는데 반해, Raman 분광분석은 분자의 편극률(polarizability) 변화를 통해 진동에너지를 측정하기 때문에 서로 다른 광학적 선택 률(selection rule)을 따르게 된다. 동핵 분자이든지 이핵 분자이든지 진동 동안 분자의 편극률이 변하는 진동모드는 Raman active 이다[1].

그림 3.13에 흑연, 하드카본 및 소프트카본의 Raman 스펙트럼을 나타내었다. 1350-1360 cm^{-1}부근의 D 피크는 sp3 탄소, 동공(vacancy) 및 침입형 결함(interstitial defect)과 같은 탄소재료의 무정형 상태 및 구조적 결함과 관련이 있다[8]. 또한, 1580~1590 cm^{-1}부근의 G 피크는 sp2 탄소로 이루어진 흑연 결정구조와 관련이 있다[9]. 따라서 가장 강한 G 피크 및 가장 약한 D 피크를 가지는 흑연의 결정성이 가장 높음을 알 수 있다[3].

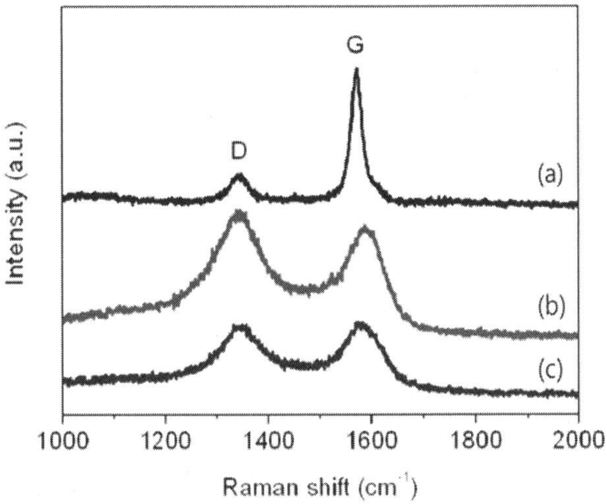

그림 3.13 흑연, 하드카본 및 소프트카본의 Raman 스펙트럼[].

3.2.5. In-situ 라만 분광 분석법

FT-IR과 마찬가지로 전극표면에서 일어나는 반응을 관찰하기 위해서는 in-situ 라만 분광 분석법을 이용하는 것이 효과적이다. 그림 3.14에 in-situ Raman 분석 셀의 모식도를 나타내었다[10].

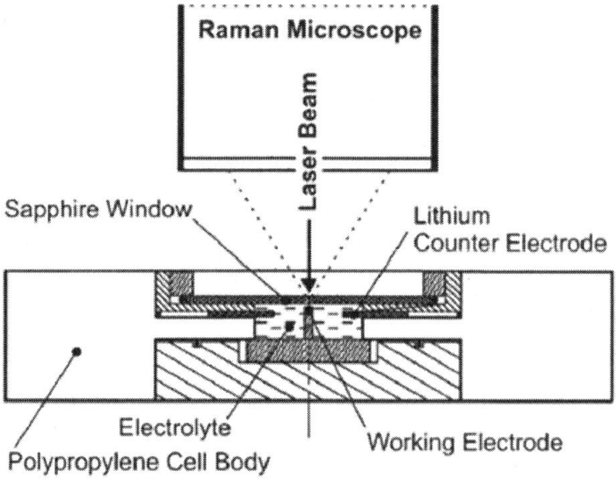

그림 3.14 In-situ Raman 분석 셀의 모식도[10].

그림 3.15에 무정형 흑연의 in-situ Raman 스펙트럼을 나타내었으며, 전압이 감소함에 따라 G 피크와 D 피크의 세기 비(IG/ID)가 증가함을 확인할 수 있다[11].

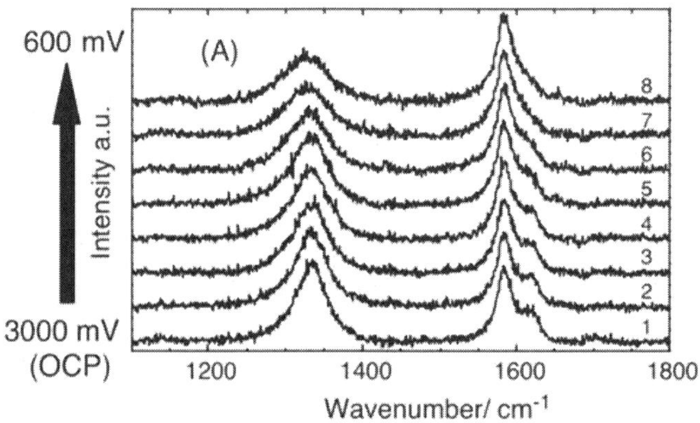

그림 3.15 3000 mV(OCP)에서 600 mV까지의 무정형 흑연의 in-situ Raman[11].

3.3 X-선 광전자분석(X-ray photoelectron spectroscopy)

3.3.1 X-선 광전자분석 원리

X-선 광전자분석은 X-선을 이용하여 물질의 전자구조, 물질간 전기 화학적상호작용으로 인한 전자 구조의 변화를 분석하는 방법으로, 100 Å 이내의 얇은 표면을 분석한다. 이는 ESCA(electron spectroscopy for chemical analysis)라고도 한다[1].

X-선은 10~0.01 nm의 파장을 가지는 전자기파이다. 그림 1에서 알 수 있듯이, X-선 중에서도 상대적으로 파장이 긴 연X-선에 해당하는 에너지는 대략 수십에서 수천 eV이다. 이 연X-선을 시료에 가하면 대부분 원소들의 내각 준위(core level) 또는 외각 준위(valence level) 전자가 방출된다. 이 때 방출된 전자를 광전자라고 하며, 광전자가 방출되기 위하여 외부에서 전자의 결합에너지 및 일함수를 뛰어 넘을 수 있는 운동에너지가 필요하다. 그 결과, 전자는 이 과정에서 사용한 에너지를 제외한 나머지만큼 운동에너지를 가진다. 따라서, 그 물질의 전자 결합에너지는 X-선과 광전자의 운동에너지를 측정함으로써 구할 수 있다. 구하는 식은 다음의 식(3.3)에 나타내었다[12].

$$E_{kin}=hv-E_b-\varphi \tag{3.3}$$

여기서 E_{kin}은 운동에너지, hv는 입사 X-선의 에너지, Eb는 광전자의 원자 내부에서의 결합에너지, φ는 분광기의 일함수에 해당한다.

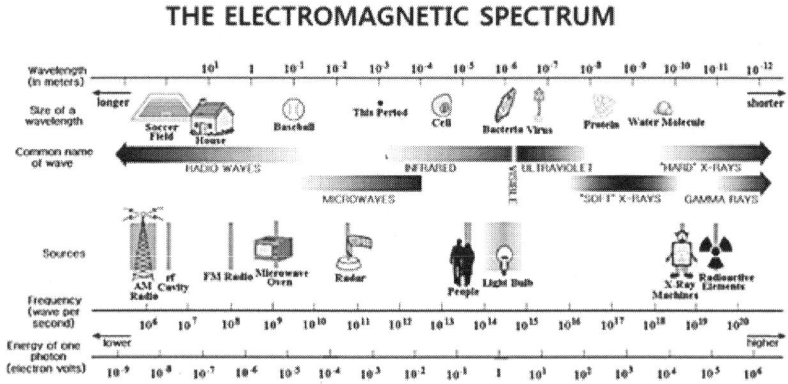

그림 3.16 전자기파 스펙트럼[13].

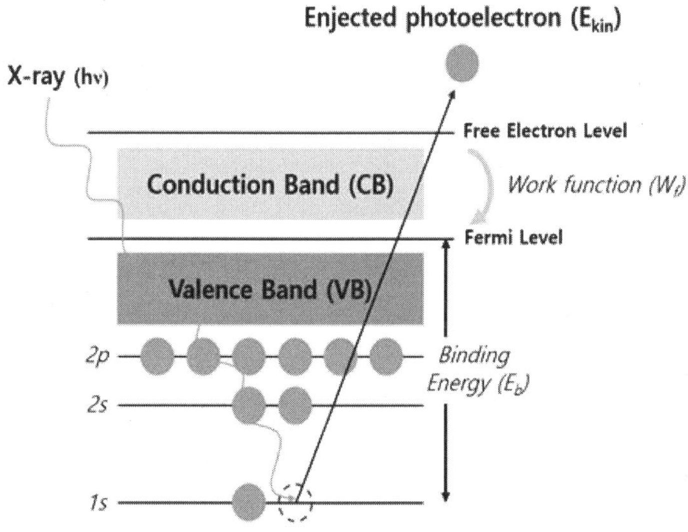

그림 3.17 X-선 광전자분석의 원리.

위 방법을 통하여 측정된 전자의 결합 에너지를 분석함으로써 시료를 구성하고 있는 원소와 화학적 천이를 이용한 화학 결합 상태 등에 대한 정보를 얻을 수 있다.

3.3.2. X-선 광전자분석 장점

X-선 광전자분석은 X-선에 의하여 시료에서 광전자가 표면으로 방출 시, 광전자의 평균 자유 행로가 수 나노미터로 매우 짧아 시료 표면의 성분과 분자의 결합 상태 등에 대한 정성 분석 및 정량 분석이 가능하다. 또한, 추가 장치 또는 여러 다른 기술을 이용하여 표면의 깊이 분석 및 특정 원소의 수직적 분포의 분석이 가능하다. 이렇듯, X-선 광전자분석은 시료의 표면에 관한 다양한 정보를 얻을 수 있다는 장점이 있다. 뿐만 아니라, 기 분석은 시료에 손상을 가하지 않고 분광학적인 방법으로 분석하는 방법으로, 시료의 비파괴적 표면 분석이 가능하다는 장점을 가지고 있다. 이러한 장점 때문에 도금, 플라즈마, 코팅과 같은 다양한 표면처리 분야 및 여러 재료에 대한 표면 분석에 응용되고 있다[14].

3.3.3. X-선 광전자분석 장비 구성

X-선 광전자분석은 물질의 구성하는 원자에 대한 정보를 방출된 광전자의 운동에너지를 측정하여 전자의 결합에너지를 계산함으로써 얻는 방법이다. 따라서 X-선 광전자분석 장치는 에너지 원인 X-선을 방출시키는 X-선 발생 장치와 특정 운동에너지를 가지는 광전자만을 선별하는 에너지 분석기, 특정 운동에너지를 갖는 광전자의 개수를 확인하는 검출기, 시료를 처리하는 분석 챔버 및 분석 후에 데이터를 기록하는 기구들로 구성되어있다(그림 3.18 및 3.19 참조). 이 때, 분석 챔버 내 에너지 분석기는 고전압이 요구되며 광전자의 이동시, 충돌에 의한 운동에너지 손실 및 시료 표면의 오염을 방지하기 위하여 10^{-9}torr 이상의 높은 진공을 유지해야한다[15].

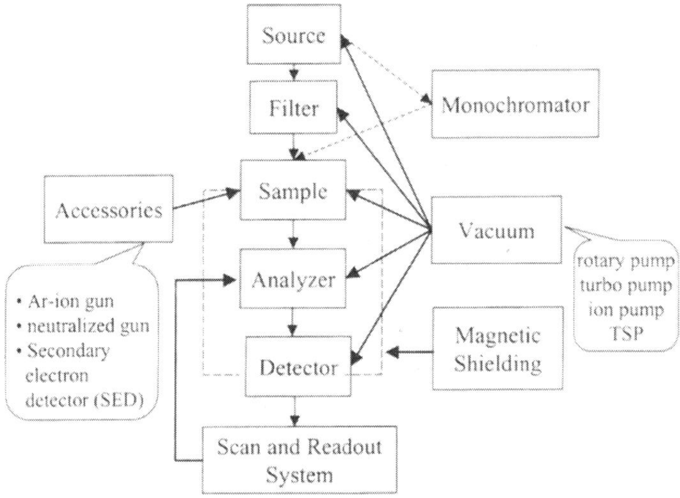

그림 3.18 X-선 광전자분석의 구조.

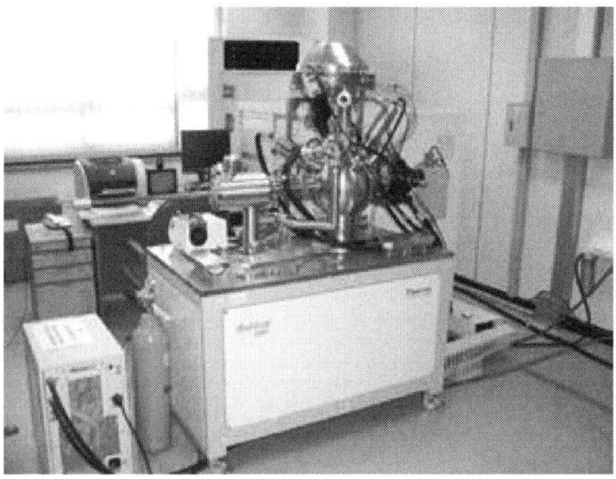

그림 3.19 X-선 광전자분석 장치(MultiLab 2000).

3.3.4. 리튬이온전지용 음극활물질의 X-선 광전자분석

그림 3.19는 음극활물질의 X-선 광전자분석을 위한 광전자 분석 장비를 보여주고 있다. 한편, 그림 3. 20은 질소를 도핑한 그래핀과 SnO_2나노 입자를 복

합화한 음극활물질의 원소분석 및 N1s 스펙트럼을 피크 분해한 결과이다. 이 결과에서, 복합 음극활물질의 원소성분인 C, N, Sn 및 O를 확인함으로써 복합화가 되었음을 알 수 있다. 또한, N1s 스펙트럼 피크 분해로부터 복합 음극활물질 내의 피리딘 및 피롤 관능기를 확인하였다.

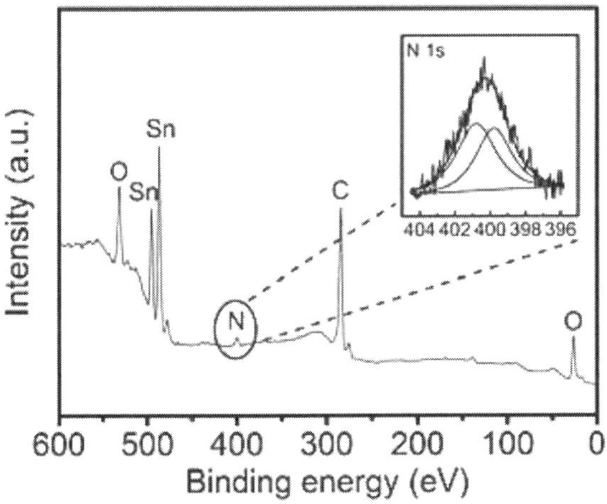

그림 3.20 SnO_2NC@N-RGO의 XPS survey와 N1s 스펙트럼 피크분해 결과[16].

그림 3.21에 나타낸 예는 X-선 광전자분석과 depth profiling을 통하여 흑연 표면의 SEI층 성분을 분석한 결과이다. 본 참고문헌의 음극활물질 표면에는 Li_2CO_3가 SEI층의 주요 구성성분으로 확인되었다.

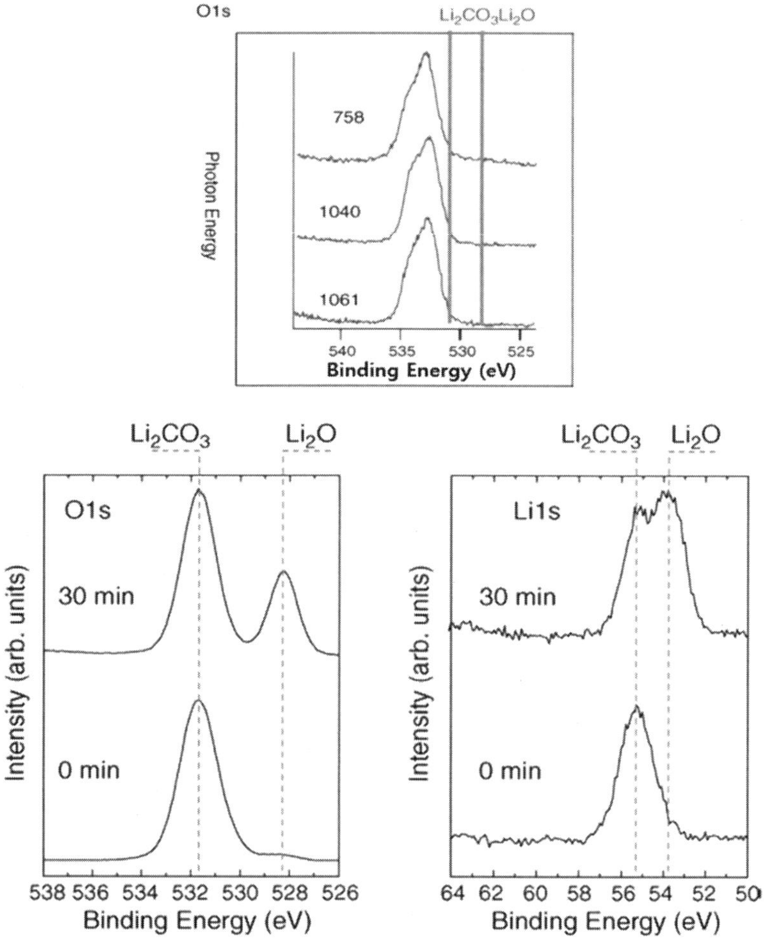

그림 3.21 흑연 O1s 스펙트럼의 depth profile[17].

3.4 투과전자현미경(Transmission Electron Microscopy, TEM)

3.4.1 투과전자현미경의 원리

투과전자현미경은 물질에 전자빔을 투과시키게 되면, 전자빔과 시료 사이의 상호작용이 일어나 대조(contrast)가 발생하고, 이로부터 형상, 물질의 입도, 결정성, 미세구조 및 결정구조에 대한 정보를 얻을 수 있는 분석 방법이다. 또한, 전자빔이 탄성산란에 의하여 Laue 회절조건 방향으로 입사에너지를 유지하며 회절되고, 이 때, 형성된 전자빔을 통하여 물질의 회절 패턴을 알 수 있는 분석방법이다[18].

투과전자현미경은 전자총에 있는 텅스텐 필라멘트에서 생성된 전자가 음전하를 띄고 있어 전기장 내에서 환원전극으로 모이게 된다. 이 때, 두 전극간의 전위차로부터 전자의 이동속도가 결정된다. 전자는 전자기적 특성의 렌즈에 의하여 가속화되고 시료에 초점을 맞추게 된다. 이 때, 전자 빔의 속도(ν)와 전자의 파장의 관계는 다음의 식(3.4)와 같다.

$$\lambda = h/m\nu \tag{3.4}$$

3.4.2 투과전자현미경의 장비 구성

투과전자현미경의 구성은 전자총, 전자빔을 모으는(condensing) 조사 시스템, 영상시스템 및 투영시스템, 관찰 및 기록 시스템으로 되어있다. 조사 시스템은 빔의 각도, 전자빔의 세기 등을 조절하는 역할을 한다. 선명한 상을 얻기 위하여 렌즈 및 시료가 있는 몸체를 진공 상태로 유지한다. 1차 영상은 대물렌즈와 다른 다수의 렌즈들에 의하여 형광판에 확대된 상으로 나타난다. 그림 3.22에 투과전자 현미경 장비의 구조 도식도를 나타내었다.

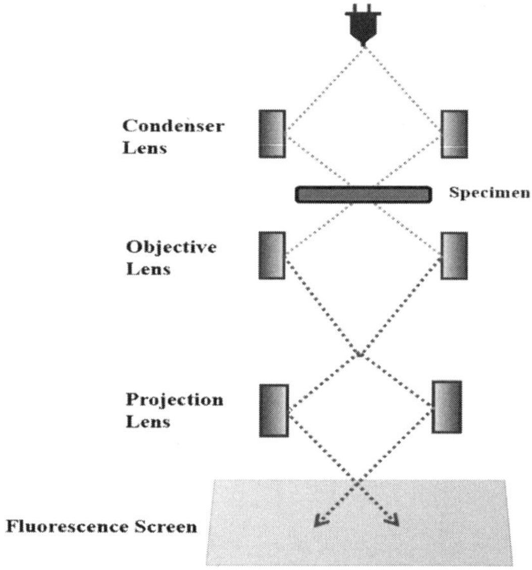

그림 3.22 투과전자 현미경 장비의 구조 도식.

3.4.3 투과전자현미경 분석

투과전자현미경은 관찰 방법에 따라 얻는 영상이나 패턴이 달리 나타난다. 먼저, 영상모드는 투영렌즈의 초점을 대물렌즈의 영상 면에 맞추어 시료의 영상을 형성함으로써 시료의 미세입도를 확대하여 관찰하는 방법이다. 이 방법에는 고배율 및 저배율 모드가 있다. 고배율 모드는 2개 이상의 빔을 얇은 시료에 통과시켜 간섭패턴을 얻는 방법으로 각 전자빔의 위상 차이에서 대비가 생겨나 회절 이미지를 형성한다. 저배율 모드는 결정 내에 존재하는 결함을 분석하는데 사용된다. 다음으로, 회절모드는 투영렌즈의 초점을 후방 초점면에 맞추어 회절패턴이 형광판에 나타나게 하는 방법이며, 재료 분석에 유용한 방법이다. 또한, 투과전자현미경에서는 밝은 이미지 (bright field, BF), 어두운 이미지(dark field, DF)와 전자회절 패턴(selected area electron diffraction, SAED)을 얻을 수 있다.

결정성이 있는 소재는 전자빔과 흡수가 아닌 회절방식으로 상호작용한다. 이 때, 회절 강도는 소재 내에 있는 원자 격자 면의 배향에 따라 다르다. 투과전자 현미경에 산란되지 않는 전자만을 통과시키는 조리개를 장착하여 편향된 전자를 막아 명암이 있는 이미지가 형성시킨다. 예를 들어, 소재 내에 전자밀도가 높은 전자밀집지역(electron dense region)은 전자를 더 많이 산란시켜 시료를 통과한 후 스크린에 도달하는 전자의 수가 적어져 DF를 형성한다. 따라서, 형성된 이미지로부터 전자 밀도화를 볼 수 있고, 관찰 시료의 결정구조에 대한 정보를 얻는다는 장점이 있다.

3.4.4 리튬이온전지용 음극활물질의 투과전자현미경 분석

투과전자현미경은 리튬전지용으로 제조된 음극활물질의 구조와 성분을 알아내기에 적합한 분석방법이다. 또한, XRD로는 분석하기 힘든 미세 구조를 분석할 수 있다. 그림 3.23은 Fe_3O_4에 탄소를 코팅한 음극활물질의 투과전자현미경 사진이다. Fe_3O_4의 표면에 탄소코팅이 이루어졌음을 확인할 수 있고, 탄소코팅 두께도 2~10 nm 정도로 나타나는 것을 관찰할 수 있다.

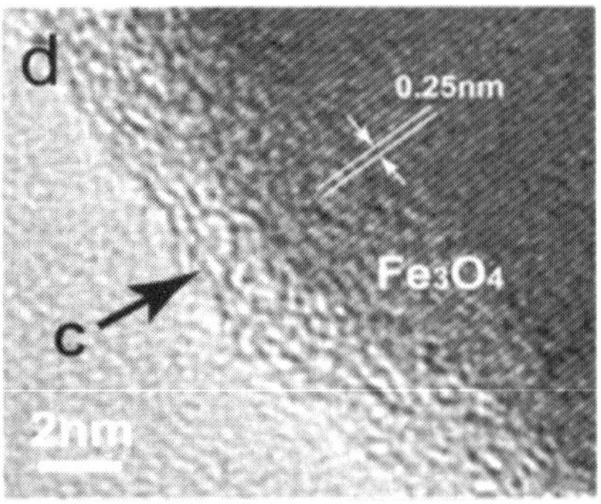

그림 3.23 Fe_3O_4-C의 고분해능 투과전자 현미경 사진[19].

음극 활물질의 SEI층 형성은 리튬전지에서 중요하며, 투과전자현미경은 SEI 층의 형성 유무 및 두께를 직접 관찰할 수 있다. 다음의 그림 3.24는 실리콘 위에 이중으로 탄소를 코팅한 음극 활물질의 SEI층을 투과전자현미경으로 관찰한 것이다.

그림 3.24 탄소코팅 실리콘 음극활물질 표면의 SEI 층[20].

다음의 그림 3.25는 Co_3O_4나노입자와 그래핀은 결합한 음극활물질을 전자 및 투과주사현미경으로 관찰한 것이다. Co_3O_4의 입자가 10~30 nm의 크기를 가지며 균일하게 그래핀 층과 결합되어있음을 확인할 수 있다. 또한, 전자회절 패턴을 관찰할 수 확인할 수 있다. 또한, 전자회절 패턴을 분석을 통하여 결정격자면을 확인할 수 있다.

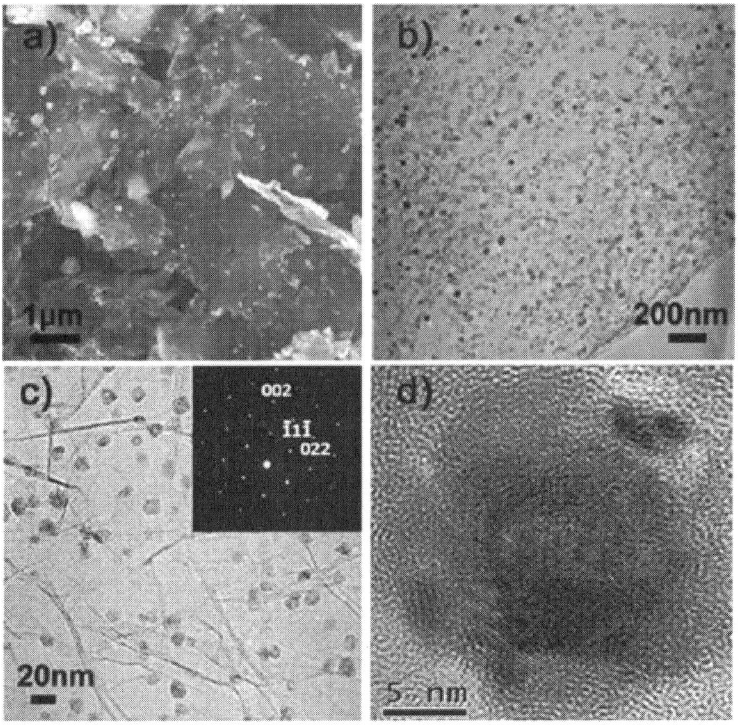

그림 3.25 탄소코팅 Co_3O_4의 전자투과 현미경 사진 및 전자회절 패턴[21].

3.5. 주사전자현미경(Scanning Electron Microscopy, SEM)

최근 정보기기들의 극소화 추세 뿐만 아니라 첨단 소재 분야에서도 극미세 기술의 산업화로 인해 미세구조물 또는 재료의 표면 형상에 대한 정보가 절실히 요구되고 있다. 특히, 전세계적으로 나노 연구가 활발하게 진행되면 나노 물질의 구조와 특성을 규명하기 위한 다양한 분석들이 진행되고 있으며, 전자현미경은 그 중의 한 축을 담당하고 있다.

3.5.1. 주사전자현미경 분석 원리

주사전자현미경은 전가자속기로서 가속된 전자빔을 시료 위에 주사하고, 그 시료 표면에서 발생되는 2차 전자, 반사 전자와 같은 신호를 증폭시켜 그 양자 강도를 휘도로 변환시켜 표면 특성을 분석하는 방법이다. 이 주사전자현미경 분석 장비의 구조를 그림 3.26에 나타내었다.

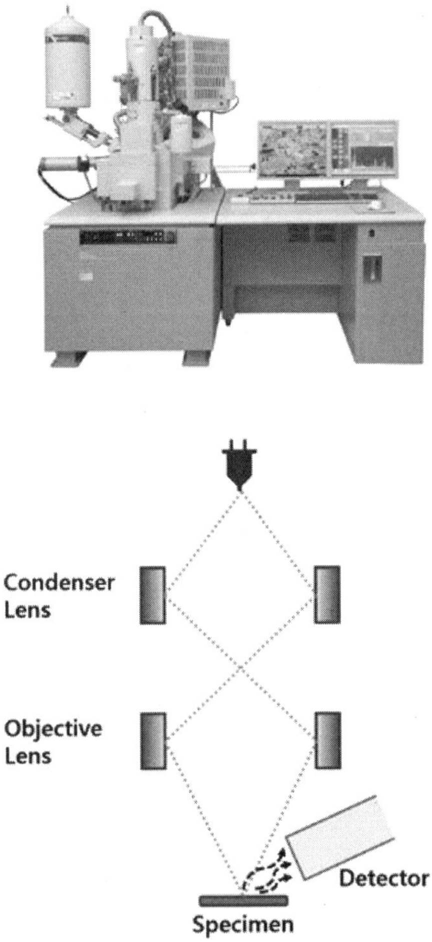

그림 3.26 SEM 분석장비 및 모식도.

주사전자현미경은 전자기렌즈를 이용하여 초점을 형성하고, 전자총(electron gun)은 텅스텐 소재의 필라멘트를 조사원으로 사용하여 전자빔을 60~100 keV로 가속시킨다. 이 전자총에 고전압이 걸리면 필라멘트가 약 2700 K까지 발열되고, 필라멘트의 끝부분에서 열 전자를 방출하게 된다. 이렇게 방출된 열 전자들은 집광렌즈에 의하여 모아지며, 대물렌즈에 의해 시편 표면에 초점을 형성하게 된다. 그 다음 주사 시스템의 전자기적 deflection coil에 의해 시료의 표면에 주사된다. 입사빔이 시편에 충돌하게 되면 시편에는 2차전자들이 방출되고, 이 전자들은 scintillation counter에 모아져 빛을 방출하는데 이 빛의 신호들이 photomultiplier에 의해 증폭된다. 증폭된 후에 확대된 영상을 스크린이나 CRT에 보여주게 된다. 광학현미경은 실제의 상을 볼 수 있지만 전자현미경은 형광판이나 사진판을 통해 상을 볼 수 있다. 광학현미경은 표본의 빛을 흡수/반사함으로써 상이 형성되는 반면, 전자현미경에서는 전자선이 시료의 표면에 충돌하면서 발생하는 이차 전자, 산란전자, 투과전자, XRay 등을 측정하여 표면의 형태를 영상으로 나타낸다[22].

3.5.2. 주사전자현미경 특징

주사전자현미경의 특징으로는 첫째, 분해능이 높기 때문에 고배율로 물체를 관찰할 수 있다. 열 방사형 SEM은 10만배 이상(분해능: 3~5 nm), 전계방사형 SEM(FE-SEM)은 최대 100만배(분해능: 1~2 nm)까지 확대상을 얻을 수 있다[22]. 둘째, 주사전자 현미경은 고배율 뿐만 아니라, 10~100배의 저배율에서도 사용이 가능하며, 렌즈 교환없이 코일에 흐르는 전류만을 변화시켜 배율 조정이 가능하다. 셋째, 주사전자 현미경은 피사계 심도가 대단히 깊어 초점이 잘 맞는 장점이 있다. 따라서 요철이 심한 파단면의 분석이나 표면 조도가 큰 시료를 분석하는 매우 유리한 장비이다. 넷째, 주사전자현미경은 투과전자현미경에 비해 시료의 제조가 비교적 간단하고 거의 모든 재료의 분석이 가능하다. 다섯째, 다양한 검출기나 추가 장비(액세서리)를 장착하여 다양한 분야에 응용할 수 있다. 예를 들면 X선 분광 분석기(Energy dispersive spectroscopy, EDS)와 같은 부속 장비를 장착하여 짧은 시간에 표면에 존재하는 원소에 대한 정성 및 정량 분석이 가능하기에 필수적 검출기법이 되고 있는 추세이다. 한편, 주사전자현미경의 단점으로는, 고전압을 사용해 가속 전자를 발생시켜야 하므로 장치의 구성이 복잡하며, 전자빔을 사용하기 때문에 진공(10~5 torr 이하)이 요구된다. 또한, 부도체 시료를 분석할 경우에 전자빔의 전자가 시료에 축적되어 전자빔을 밀어내는 현상이 발생하여 이미지가 왜곡된다는 단점이 있다. 따라서 이러한 부도체 시료를 분석할 때는 시료 표면에 Au, Pt, Os 등의 전도체로 코팅하여 분석하는 것이 바람직하다.

3.5.3. 리튬이온전지용 음극재료의 SEM 분석

그림 3.27은 Si를 carbon에 함침하고 그 표면을 SEM으로 분석한 데이터이다. SEM 분석을 통하여 carbon의 외부 표면에도 Si가 분산되어 있는 것을 선명하게 확인 할 수 있다[23].

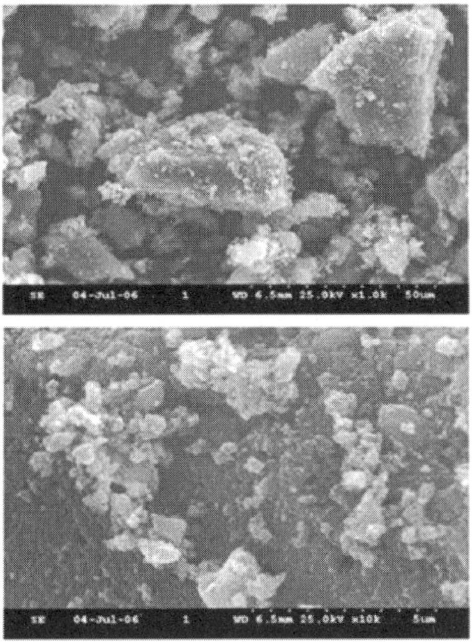

그림 3.27 Pitch와 Si가 3:1로 혼합 후 1000 ℃에서 열처리 한 샘플의 SEM 사진[23].

그림 3.28은 carbon/silicon composite의 정확한 원소 함량을 조사하기 위하여 EDX 분석을 실시한 결과 데이터이다. EDS 분석을 통하여 carbon: silicon의 함량을 확인 할 수 있다[23].

그림 3.28 탄소/실리콘 복합체의 EDS 분석 결과[23].

표 3.1 Carbon/silicon composite의 원소함량 분석[23].

Element	Weight (%)	Atomic (%)
C	64.79	78.68
O	7.75	7.07
Si	27.45	14.26
Total	100.00	100.00

3.6. Branuer-Emmett-Teller (BET) 분석

리튬이온전지에서 충전 및 방전시 리튬이온의 삽입 및 탈리가 입자표면에서 일어나기 때문에, 재료의 기공구조 및 비표면적은 전극 반응에 있어 매우 중요한 인자이다.

3.6.1. BET 분석 원리 및 개념

BET 분석 원리는 흡착 및 탈착 개념을 적용하여 재료에 흡착된 기체의 양을 측정하는 것이며, 이 분석을 통해 재료의 비표면적과 기공특성에 대한 정보를 얻을 수 있다. 재료에 흡착된 기체의 양은 재료, 압력, 온도 및 기체의 종류 등에 영향을 받는다. 온도를 일정하게 유지하면 압력이 변화함에 따라 흡착량이 달라지는데, 부분 압력별 흡착량을 측정함으로써 다공성 재료의 여러 가지 특성을 확인 할 수 있다. 일반적으로 실험은 77 K에서 이루어지며 진공 펌프, 진공 챔버, 진공 게이지, 전동 밸브 등으로 구성되어 있으며, 기체의 압력을 변화시키면서 기체의 흡착량을 진공 챔버의 압력 변화로 측정할 수 있다. 이 장비는 주로 다공성 물질의 단위 무게당 비표면적, 기공 크기 분포 및 기공특성 분석에 사용되며 분말의 입자 크기 측정에 활용되기도 한다[24].

3.6.2. 흡착등온식

3.6.2.1. Langmuir 흡착등온식

BET는 Brunauer, Emmett, Teller라는 학자에 의해서 개발된 수식을 이용하는 측정 방법으로, 이전에 사용되던 단일 흡착층을 가정한 Langmuir 이론을 보완한 것이다. Langmuir 이론부터 먼저 살펴보면, 다음과 같은 가정을 전제로 하였다.

① 흡착재 표면에 흡착점이 균일하게 분포 되어있으며, 모든 흡착점의 에너지 상태는 동일하다.

② 흡착된 분자간에는 인력 또는 척력과 같은 상호작용이 없다.

③ 한 흡착점에는 한 분자만 흡착가능하며, 흡착된 분자는 고정되어 있다.

④ 평형상태에서 흡착속도는 탈착속도와 같다.

Langmuir 식은 단층흡착 조건이며, 이 단층흡착 과정에서 흡착속도(r_{ad})는 표면과 기체분자와의 충돌이 일어나는 빈도에 비례하며, 고체의 비표면적에 비례한다. 또한 기체분자와 표면이 충돌하는 빈도는 압력(p)에 비례한다. 따라서 표면 coverage(θ)는 다음과 같은 관계가 얻어진다.

$$r_{ad} \alpha p \qquad \text{(식 3.5)}$$

$$r_{ad}\, \alpha (1-\theta) \qquad \text{(식 3.6)}$$

따라서 흡착 속도상수(K_{ad})를 적용하면, 다음과 같다.

$$r_{ad}\, \alpha\ K_{ad}(1-\theta)p \qquad \text{(식 3.7)}$$

탈착반응은 흡착반응의 역반응으로, 덮인 면적에 비례한다. 탈착속도상수(K_{de})를 도입하여 탈착속도식을 구할 수 있다.

$$r_{ad} = K_{de}\,\theta \qquad \text{(식 3.8)}$$

평형에 도달하면 표면이 덮이는 정도에 변화가 없게 되며, 흡착에 의하여 흡착속도상수가 변하는 속도는 흡착에 의하여 탈착속도 상수가 변하는 속도와 같아진다.

$$r_{ad} = r_{de} \quad \text{(식 3.9)}$$

$$K_{ad}\,(1-\theta)p = K_{de}\,\theta \quad \text{(식 3.10)}$$

$$\theta = \frac{K_{ad}\,p}{K_{de} + K_{ad}\,p} \quad \text{(식 3.11)}$$

표면 coverage(θ)는 평형상태에서 기체에 의해 현재 덮여 있는 넓이와 이론적으로 기체에 의해 '덮일' 수 있는 최대 넓이의 비율이다.

$$\theta = \frac{v}{v_m} \quad \text{(식 3.12)}$$

$$\theta = \frac{Kp}{1+Kp} = \frac{v}{v_m} \quad \text{(식 3.13)}$$

이처럼 Langmuir 흡착 등온식은 흡착점이 균일하고, 흡착된 분자가 고정되어 있으며, 흡착된 분자 사이에 상호작용이 없다는 가정 하에 유도되었다. 그러나 실제로는 고체 표면이 대부분 균일하지 않으며, 매우 강하게 흡착 되어 있는 경우를 제외하고는 흡착된 분자가 고정되어 있기도 쉽지 않다. 이 뿐만 아니라, 흡착량이 극소량이거나, 흡착 세기가 매우 큰 경우를 제외하고는 흡착된 분자 사이의 상호작용을 무시하기 어렵다. 특히 재료에 흡착된 흡착량이 많은 경우에는 Langmuir 흡착 등온식을 적용하기 어렵다는 단점이 있다. 따라서 Langmuir 흡착 등온식은 물리흡착보다는 화학흡착과 같이 흡착 세기가 크고 흡착량이 적을 때 적절한 공식이다.

3.6.2.2. BET 흡착등온식

반면 BET 이론은 물리흡착 개념으로 van der waals의 힘과 비슷하기 때문에 단분자층에 한정되는 것이 아닌 다분자층 흡착이 가능하고, 고체 표면을 덮어버릴 때까지 진행된다. 따라서 BET 이론은 비다공성 고체 표면으로 다분자 흡착층을 고려한 Langmuir 흡착식의 확장식이다. BET 식은 다음과 같은 가정을 전제하에 만들어졌다.

① 흡착점 뿐만아니라 흡착된 분자 위에 또 다른 분자가 흡착 가능한 다중 흡착을 한다.
② 각 흡착층 사이에 상호작용이 없다.
③ 고체 표면에 분자가 흡착할 때 발생하는 흡착열이 T라면, 그 위에 다른 분자가 흡착될 때 발생하는 흡착열은 T_1로, 다층흡착이 되어도 발생하는 흡착열은 모두 T_1로 동일하다.

이에 해당하는 BET 이론식은 식 (3.14)와 같다.

$$\frac{1}{W[(P_0/P)-1]} = \frac{1}{W_m c} + \frac{c-1}{W_m c}\left(\frac{P}{P_0}\right) \qquad \text{식(3.14)}$$

W: 상대압력에서 흡착된 물질의 양

W_m : 단분자층으로 흡착된 기체량

C: 측정온도에서 단분자층 흡착의 평형상수

3.6.3. 흡착등온선의 분류

BET 흡착등온선은 IUPAC 정의에 따라 그림 3.29와 같이 6가지 패턴으로 분류할 수 있다[25].

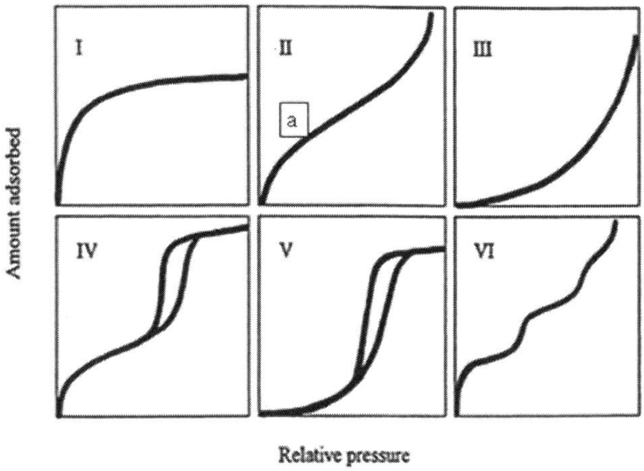

그림 3.29 IUPAC정의에 따른 흡착등온선의 6가지 형태

① Type Ⅰ

: 마이크로 기공을 가지는 물질에서 주로 관찰된다. 흡착층이 단분자층에 국한되며, 흡착곡선에 plateau 구간이 존재한다. 흡착력이 매우 크며, 화학흡착의 경우에 주로 관찰된다.

② Type Ⅱ

: 기공이 없는 흡착재(nonporous solid)에서 관찰되는 그래프 형태이다. 그래프에 표시된 "a" 부분이 변곡점(knee)이며, 이 부분은 단층 덮임이 끝나고 다층 흡착이 시작되는 부분이다. 압력이 증가하면 흡착량도 증가하며, 증가 정도는 압력에 따라 다르다.

③ Type Ⅲ

: 낮은 압력에서는 흡착량이 작으나 포화압력에 가까워지면서 흡착량이 급증한다. 이는 고체표면에 흡착물질이 젖지 않은(접촉각>90°) 흡착계에서 나타

나는데, 이런 경우는 잘 관찰되지 않는다.

④ Type Ⅳ & Type Ⅴ

: 전형적인 메조기공을 가진 물질의 등온곡선 형태이다. 또한 기공응축에 의하여 야기되는 이력현상(hysteresis)이 크게 나타나는 특징이 있다. 이 이력현상은 세공내 응축에 의한 메니스커스(meniscus)의 반지름과 모양이 서로 다르기 때문에 발생한다. Type Ⅳ는 15~1000Å의 세공반경을 갖는 중세공을 지니는 물질에서 발생한다. Type Ⅴ는 흡착재-흡착물질간의 상호작용이 작은 경우에 나타난다.

⑤ Type Ⅵ

: 이 곡선은 기공이 없으며 균일한 표면을 갖는 시료에 다층으로 흡착이 일어 날 때 나타난다. 계단모양은 흡착기체와 고체의 균일성에 의해 영향을 받는다.

*상기 언급한 미세기공, 메조기공, 마크로기공 등은 기공크기에 따라 분류되며, 그림 3.30과 같다.

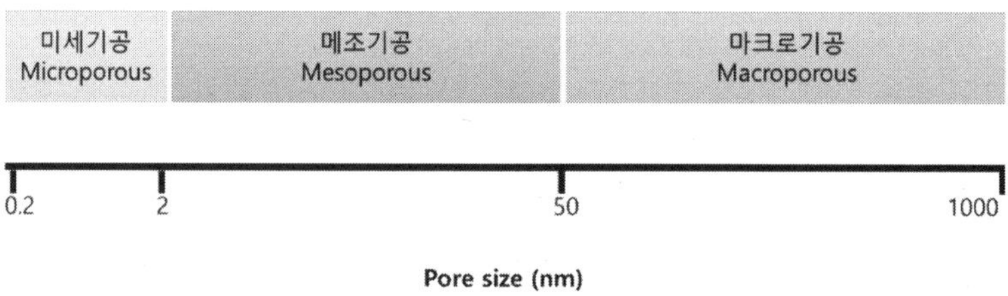

그림 3.30 기공크기에 따른 다공체의 분류.

3.6.4. 리튬이온전지용 음극재료의 BET 분석

그림 3.31과 표 3.2는 질소 도핑된 다공성 탄소섬유를 음극재의 BET 분석결과이다. BET 분석을 통해, 최대 1508.0 m^2/g의 비표면적을 갖는 활성탄소섬유(ACF)를 제조하였음을 확인하였다[26].

그림 3.32는 Si/C 복합재의 BET 분석결과며, BET 분석을 통해 248.37 m^2/g의 비표면적을 갖는 Si/C 복합재를 제조하였음을 확인하였다[27].

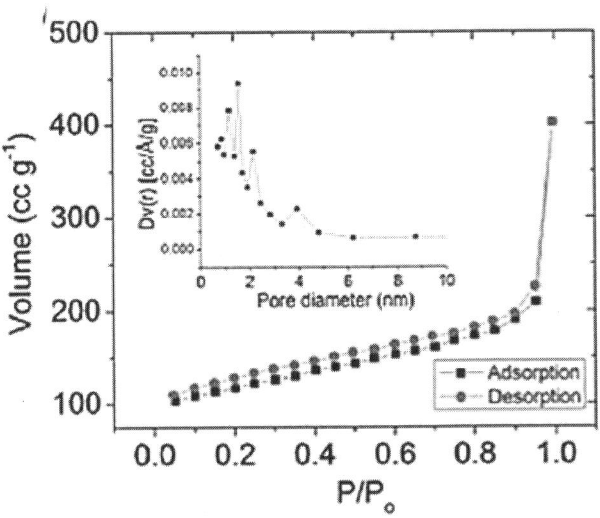

그림 3.31 77K 질소흡착법으로 분석된 ACF의 흡탈착곡선[26].

표 3.2 활성탄소섬유의 기공특성 분석

Sample	BET surface area (m^2/g)	Average pore size (nm)
ACFs-C	372.4	3.34
ACFs-3	941.2	2.18
ACFs-5	1508.0	1.93

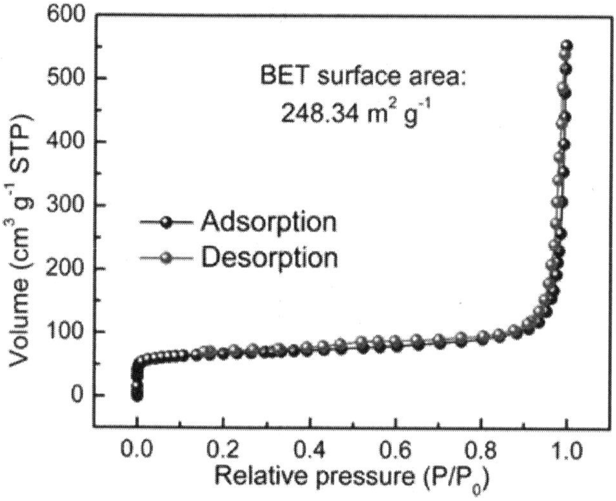

그림 3.32 77K 질소흡착법으로 분석된 Si/C의 흡탈착곡선[27].

참고문헌

[1] J.K. Park, Principles and applications of lithium secondary batteries, Wiley-VCH, 2012.

[2] M. Short and P. Walker Jr, Carbon 1 (1963) 3.

[3] M.-D. Fang, T.-H. Ho, J.-P. Yen, Y.-R. Lin, J.-L. Hong, S.-H. Wu, J.-J. Jow, Materials, 8 (2015) 3550.

[4] R. Jušk, A. Selskis, Electrochim. acta, 43, (1998) 1903.

[5] X.-Q. Yang, J. McBreen, W.-S. Yoon, M. Yoshio, H. Wang, K. Fukuda, T. Umeno, Electrochem. commun. 4 (2002) 893.

[6] P. Guo, H. Song, X. Chen, Electrochem. Commun. 11 (2009) 1320.

[7] K. Hongyou, T. Hattori, Y. Nagai, T. Tanaka, H. Nii, K. Shoda, J. Power Sources 243 (2013) 72.

[8] F. Withers, M. Dubois, A. K. Savchenko, Phys. rev. B 82 (2010) 073403.

[9] B. Xia, K. Chen, W. Luo, G. Cheng, Nano Res. 8 (2015) 3472.

[10] V. Stancovski, S. Badilescu, J. Appl. Electrochem. 44 (2014) 23.

[11] L. J. Hardwick, H. Buqa, P. Novák, Solid State Ionics 177 (2006) 2801.

[12] 김안순, 신채호, 진공이야기 3 (2016) 24.

[13] Advanced Light Source, http://www-als.lbl.gov/

[14] 강현구, 김명웅, 고분자 과학과 기술 27 (2016) 245.

[15] H. S. Jeong, M. G. Kang, H. H. Park, Ceramist 5 (2002) 63.

[16] X. Zhou, L.-J. Wan, Y. G. Guo, Adv. Mater. 25 (2013) 2152.

[17] K. Edstrom, M. Herstedt, D. P. Abraham, J. Power Sources 153 (2006) 380.

[18] 안재평, 박종구, 고분자과학과 기술 17 (2006) 493.

[19] W.-M. Zhang, X.-L. Wu, J.-S. Hu, Y.-G. Guo, L.-J. Wan, Adv. Func. Mater. 18 (2008) 3941.

[20] S. Chen, L. Shen, P. A. V. Aken, J. Maier, Y. Yu, Adv. Mater. 29 (2017) 1605650.

[21] Z.-S. Wu, W. Ren, L. Wan, L. Gao, J. Zhao, Z. Chen, G. Zhou, F. Li, H.-M. Cheng, ACS Nano 4 (2010) 3187.

[22] T. Prahad, K. Rajendrakumar, J. Pharm. Biomed. Anal. 34 (2004) 333.

[23] T. R. Kim, J. Y. Wu, Q. L. Hu M.S.Kim, carbon lette. 8 (2007) 335.

[24] M. J. Kim, M. J. Jung, S. S. Choi, Y. S. Lee, Appl. Chem. Eng. 26 (2015) 92.

[25] C. L. Mangun, K. R. Benak, J. Economy, K. L. Foster, Carbon 39 (2001) 1809.

[26] L. Fu, K. Tang, K. Song, P. A. V. Aken, Y. Yu, J. Maier, Nanoscale 6 (2014) 1384.
[27] G. Liang, X. Qin, J. Zou, L. Luo, Y. Wang, M. Wu, H. Zhu, G. Chen, F. Kang, B. Li, Carbon 127 (2018) 424.

4. 리튬이차전지 제조와 평가

4.1 리튬이차전지 제조

리튬이온전지의 제조 공정은 그림 4.1에 나타낸 것처럼 크게 전극공정, 조립공정, 화성공정의 3단계로 구분된다. 전지 제조 이전에 각 공정별로 구체적인 설계가 선행되어야 하며, 제반 설계가 완료되면 전극을 제조하는 전극공정, 여러 부품을 전지의 형태로 조립하는 조립공정, 그리고 전지 출하하기 전에 충방전 검사 및 선별을 하는 화성공정이 이어진다[1].

그림 4.1 전지의 제조 공정 흐름도.

4.2. 전지 성능 평가

4.2.1. 전지 용량 평가

전지의 용량은 전지 내에 저장할 수 있는 전하량을 나타내는 값으로 mAh/g의 단위로 나타낸다. 전지에서는 충·방전 시의 효율이 매우 중요한 데, 효율은 충전과 방전 시의 양극의 환원/음극의 산화 반응에 사용된 전하의 양의 비로 계산된다. 특히 초기에 사용되는 효율(initial efficiency)은 전지의 가역 용량을 결정짓는 매우 중요한 성능 인자이다. 일반적으로 음극 또는 양극과 리튬 메탈과의 반쪽 전지로 제작하여 각각 전극 물질의 특성을 평가한다. 전지의 용량을 평가하기 위해서 여러 방법이 사용될 수 있으나 가장 많이 사용하는 방법은 전류를 일정하게 흘려주어 전압의 변화를 측 정하는 정전류 시험법(galvanostatic charge-discharge), 정전류/정전압 시험법(Constant Current /Constant Voltage Test) 과 순환전압주사법(cyclic voltammetry, CV) 등이 있다[2].

4.2.1.1. 정전류 시험법

정전류 시험법은 일정 전류 (galvanostatic)를 인가하여 시간에 따른 전압의 변화를 측정하여 특성을 확인하는 방법으로 변화하는 전압의 범위를 제어하여 연속적인 충·방전 실험을 통해 측정 가능하다. 방전 방향의 전류를 일정하게 흘려주는 경우 전지의 전압이 감소하고 전압 감소가 특정 전압 (cut-off voltage) 이하가 되면 방전을 중단하며, 이 시간 동안 방전된 양으로부터 용량을 측정하는 것이다.

방전 전압의 경우 3 V 정도까지 측정하여 과방전(over-discharge)에 의한 전극 물질의 손상을 막고, 충전의 경우 전해질 분해 및 전극 물질 안정성을 위하여 4.3 V이하의 전압을 주로 이용한다. 연속적인 사이클을 진행하는 동안의 그래프 모양을 통해 가역성을 확인할 수 있으며, 각 사이클 별 충전 용량과 방전 용량 그리고 효율을 측정할 수 있다[2]. 그림 4.2는 흑연폼 음극재의 2~100 사이클까지의 충·방전 곡선을 나타낸 것이다[3].

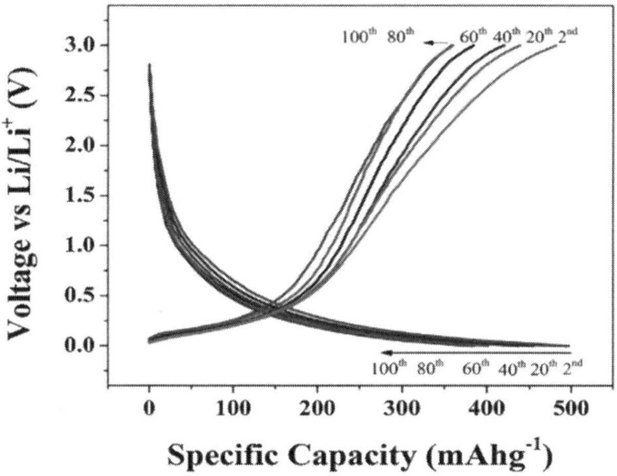

그림 4.2 정전류 시험법을 적용한 흑연폼 음극의 충·방전 곡선[3].

4.2.1.2. 정전류/정전압 시험법

대부분의 리튬이온배터리의 용량을 평가할 때 사용하는 방법으로, 특히 탄소 재료와 같이 층상 구조를 가지고 있어 리튬이온의 삽입/탈리를 반복하는 물질에 주로 적용된다. 충전 시 정전류 시험법을 사용할 경우 셀 내부에 높은 열 발생과 전극의 과전압 문제가 일어날 수 있고, 표면과 내부에서 리튬이온의 농도 차이가 발생하면서 물질의 내부까지 완전히 충전되지 못해 평형 전위가 형성되지 않을 수 있다. 따라서 정전류/정전압 시험법을 사용하여 정격 전압의 범위까지 정전류로 충전을 실시하고 이어서 정전압 충전을 실시하여 전류의 흐름을 줄여가며 전기화학적 평형상태를 유지해 충분한 충전이 가능하게 된다[2]. 그림 4.3에 정전류/정전압 시험법의 예를 나타내었다.

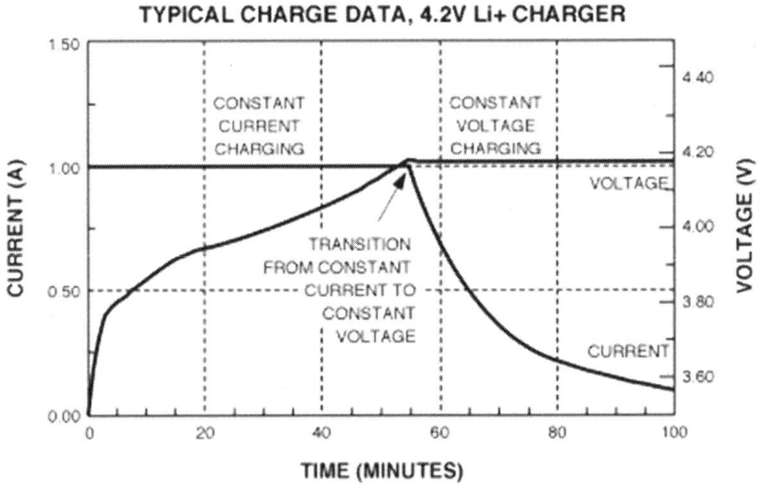

그림 4.3 정전류/정전압 시험법[2].

4.2.1.3. 순환전압주사법

전지를 특정한 전압 영역에 대해 단위 시간당 일정 전압으로 주사하여 지정된 전압 영역에서 한계까지 도달할 경우 주사 방향을 반대 반향으로 바꿔서 주사하면서 전압 변화에 따른 전류를 측정하는 분석방법이다. 순환전압주사법을 통해서 전극 내부에서 산화/환원 반응이 일어나는 전압, 가역성, 지속성 등에 대한 정보를 얻을 수 있다.

전위 주사는 E_i(초기 전압), Es(전환 전압), E_f(최종 전압) 전위와 (주사 속도, V/s)로 이루어지며 식 (4.1)과 같이 표시된다.

$$E = E_i + \nu t \text{ (정방향주사)},\ E = Es - \nu t \text{ (역방향주사)} \tag{4.1}$$

초기 전위 E_i를 보통 Faraday 전류가 흐르지 않는 전위에서 설정하고 시간에 비례한 전위 주사를 한다. 어떤 전위에서 전위 주사 방향을 역전시켜 정방향과 같은 전위주사속도로 주사하면 E_i로 되돌아온다. 이를 단일 주사법이라 하고, 계속적으로 같은 형태의 전위 주사를 되풀이하는 방법을 다중 주사법이라고 한다. E_i, E_s는 주사하고자 하는 산화·환원종의 산화환원 신호를 관찰할 수 있도록 설정한다[4].

그림 4.4에는 일반적인 CV 그래프를 나타내었으며, 그림 4.5에 스캔 속도 및 속도 상수에 따른 CV 그래프를 나타내었다. 전기화학적 반응이 가역적인 경우 산화, 환원 피크 전위는 주사 방향에 따라 변하지 않으며, 비가역적인 경우에는 피크 전위가 주사 방향으로 이동한다. 또한 전류 밀도는 전기활성종의 농도가 확산층에서 증가함에 따라 주사 속도에 비례하여 증가한다. 낮은 전위주사속도의 경우에는 표면에서 Nerntian 평형이 이루어지지만, 높은 전위주사속도에서는 Nerntian 평형을 이루지 못한다. 이 경우, CV 곡선에서는 환원의 경우는 좀더 (-)의 전위로, 산화의 경우는 좀더 (+)의 전위로 피크가 움직이고 봉우리 전류 (ip)의 변화를 보이게 된다[4,5].

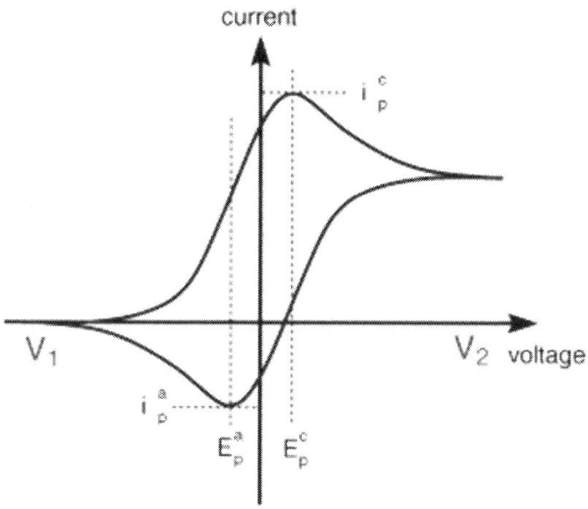

그림 4.4 일반적인 CV 곡선[6].

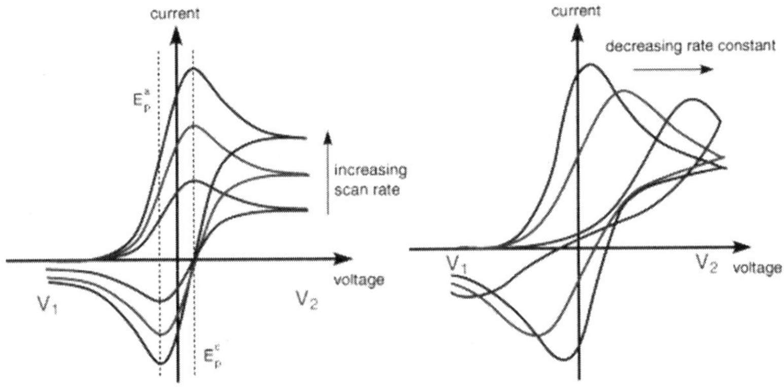

그림 4.5 CV곡선의 주사 속도 및 속도 상수 의존도[6].

4.2.2. 저항 평가

교류 임피던스 분석법(electrochemical impedance spectroscopy, EIS)은 교류 전압을 인가하여 주파수에 따른 진폭과 위상의 변화를 측정한 후 임피던스를 계산한다. 이러한 임피던스의 진폭과 위상을 복소수 평면에 나타낸 것을 Nyquist plot이라고 한다. Randles 동등 회로에 대한 Nyquist plot을 그림 4.6에 나타내었고, 이는 크게 네 가지 부분으로 나누어 해석된다. 먼저 왼쪽의 시작점은 배터리 내부(전극, 전해질)의 옴(Ohm) 저항(R_s)을 의미한다. R_s는 전압/전류의 변화 주기가 클수록 배터리 특성에 지배적인 영향을 미치며, 배터리의 노화현상으로 인해 성능이 떨어질수록 그 값은 상승한다. 그리고 반원의 지름은 계면에서 전자가 이동하는 속도와 관련된 분극 저항(R_p), 45 각도의 직선은 확산에 의한 물질 이동을 나타내는 Warburg 임피던스(ZW)를 의미한다[2,7].

이러한 EIS 실험은 일반적으로 전지를 조립한 후 OCV에서 임피던스를 측정하여 분석하며, 사이클 분석 후 결과를 초기의 저항과 비교하여 분석이 가능하다.

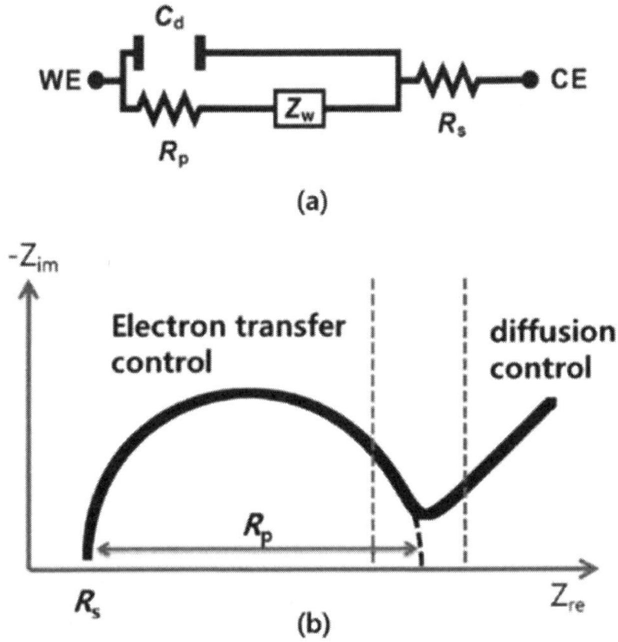

그림 4.6 (a)동등 회로와 (b)이를 기반으로 한 Nyquist Plot[7].

그림 4.7은 실리콘과 무정형 탄소, 흑연을 복합화 하여 제조한 음극의 EIS 결과로 각각 1, 2, 50회 충·방전 후의 결과를 나타낸 것이다[8].

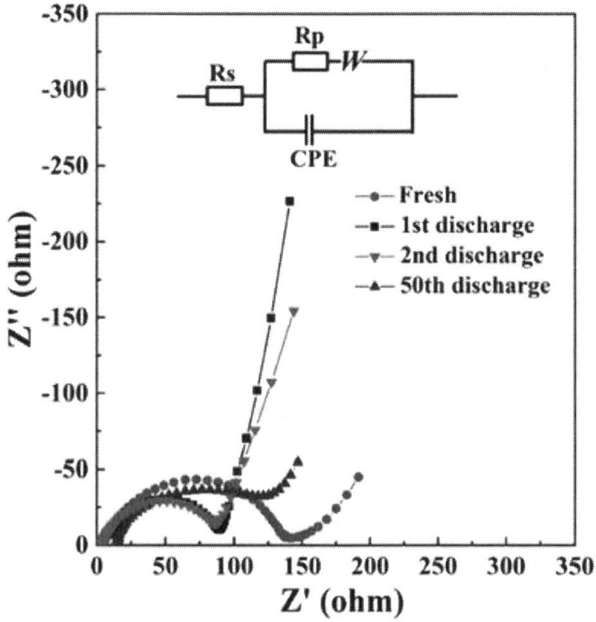

그림 4.7. 실리콘과 무정형 탄소, 흑연을 복합화한 음극의 EIS 실험 결과[8].

4.2.3 율속 특성

리튬이차전지의 율속 특성은 충·방전 속도를 높임에 따른 용량 유지율의 좋고 나쁨을 의미한다[1]. 이러한 율속 특성은 일시적으로 고전류가 필요한 경우에 중요한 성능 지표이다.

율속 특성은 일반적으로 정전류 측정법을 이용하게 되는데 충전 혹은 방전 전류값을 변화시켜가면서 이에 따른 전압곡선의 변화를 측정하게 된다. 전지에서 속도 특성의 단위로 나타내는 C-rate는 1시간에 충전되는 전류의 역수를 나타내는 값으로서 총 용량을 1시간만에 모두 방출할 때 흐르는 전류로 정의되어 리튬이차전지의 경우 5시간 동안 방전하여야 자기용량을 다 소진할 때의 전류인 C/5(0.2C)로 방전했을 때의 용량을 100% 정격용량(rated capacity)으로 정의한다. 표 4.1 정리된 것과 같이 0.1, 1, 10 C의 경우 각각 10, 1, 0.1시간에 충전되는 전류의 크기를 나타내게 된다[2].

표 4.1 C-rate 와 방전 시간

C-rate	Time
5C	12 min
2C	30 min
1C	1h
0.5C or C/2	2h
0.2C or C/5	5h
0.1C or C/10	10h
0.05C or C/20	20h

속도를 높여 방전하는 경우에 100%의 용량을 방전하지 못하는 것이 보통이며, rated capacity가 높을수록 율속 특성이 좋다고 할 수 있다[9].

그림 4.8에는 방전전류에 따른 리튬이차전지의 방전 결과를 나타내었다[10]. 리튬이차전지를 방전전류를 가변시켜 정전류 방전시킨 경우, 방전속도가 증가하면 리튬이차전지의 용량이 감소하는 것을 볼 수 있다. 그림 4.9에는 방전전류와 방전용량에 따른 관계를 방전종지전압이 2.75V의 경우에 대하여 각각 표시하였다. 방전전류가 증가함에 따라 방전용량은 감소한다. 이 결과에서 1.0C의 방전용량은 0.2C 대비 약 90%의 용량이 얻어질 수 있다고 말할 수 있다[10].

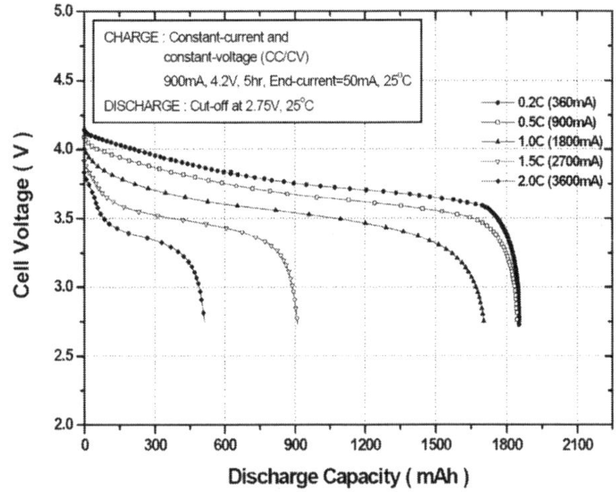

그림 4.8 방전곡선 [10].

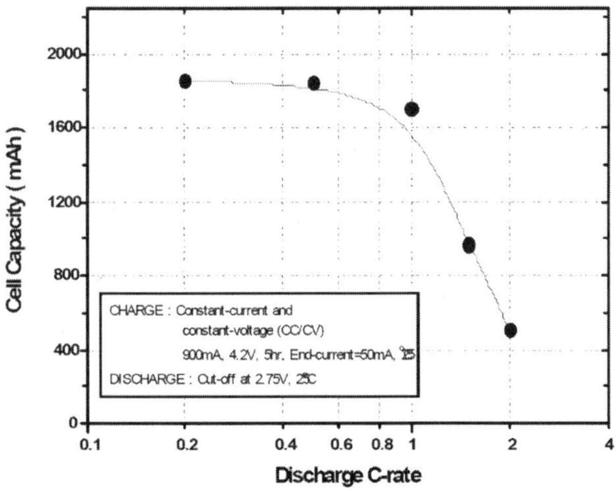

그림 4.9 방전전류와 방전용량과의 관계[10].

2000년대에 들어오면서 각종 전자 제품의 휴대화 및 소형화가 가속화됨에 따라 전력 공급원으로 사용되는 이차전지의 소형화, 경량화 및 고 효율화에 대한 요구가 증대되고 있다. 또한, 최근 들어서는, 석유 자원의 고갈 및 환경 오염 등을 이유로 기존의 내연기관 자동차를 전기 자동차(EV) 또는 하이브리드 전기 자동차 (HEV)로 대체하려는 노력도 꾸준히 진행 중인데, 이를 위해서는 단시간에 큰 출력(높은 C-rate 특성)을 발휘하고, 에너지 밀도가 높으며, 대전류로 충전과 방전을 반복하여도 안정성이 우수한 환경 친화적인 전지가 요구된다[11].

식 (4.2)에 나타낸 옴의 법칙에서 보면,

$$I = V/R \qquad \text{(식 4.2)}$$

(I: 전류, V:전압, R: 저항)

저항이 증가하면 이에 반비례하는 전류가 감소하게 되므로 전지 내부의 저항을 최소화시켜야 전지의 율속특성이 증가할 수 있다. 또 전지의 전체 저항은 식 (4.3)에 나타낸 것과 같이 전자에 의한 것과 리튬이온에 의한 부분으로 나눌 수 있다.

$$R_{tot}=R_e+R_{Li} \qquad \text{(식 4.3)}$$

(R_{tot}:전체저항, R_e:전자에 의한 저항, R_{Li}:리튬이온에 의한 저항)

전자의 저항의 경우는 아주 고전류가 흐르는 경우에 그 기여도가 증가하며 전기적인 접촉에 의해 발생하는 저항이 주요하다. HEV 등에 적용되는 대형전지의 경우 전자에 의한 저항증가가 크게 기여하므로 집전체의 두께, 전기적 연결 저항을 최소화 시켜야 한다. 이에 비해 소형전지는 상대적으로 낮은 율속특성이 필요하기 때문에 리튬이온에 의한 저항 증가가 더 크게 기여한다[1].

4.2.4 온도특성평가

리튬이차전지는 충·방전 시 온도 변화에 따라 내부 저항 값이 변동하며, 전압 강하에 의한 전력 손실로 나타나 배터리의 수명 단축으로 이어진다. 또한 10 ℃ 이하의 저온에서 배터리를 충전 할 경우 격자 구조의 파손으로 배터리의 수명 단축과 파손까지 발생할 수 있다[12]. 이러한 평가를 토대로 리튬이차전자의 사용 적정 범위를 정할 수 있으며, 특수한 환경 조건에서 이용이 가능한 전지를 개발할 수도 있다. 이와 같은 이유로 온도에 대한 특성은 리튬이차전지의 중요한 평가 요소이다.

4.2.4.1 저온특성

추운 겨울이나 냉동실 같은 저온에 상태에 노출되었을 경우 전지가 에너지를 방출할 능력이 있는지 보는 것으로 저온방전특성과 저온수명특성이 있다. 저온방전특성은 1회 방전시 어느 정도의 방전용량을 얻을 수 있는지를 평가하며, 소형전지의 경우 -10~20 ℃ 범위, HEV와 같은 자동차의 경우 -30℃에서의 방전특성이 요구된다. 저온수명특성은 0~10 ℃ 범위에서 장시간 사용이 가능한지를 평가한다[1].

그림 4.10에 나타낸 저온 성성 평가 결과에서 보면, 리튬이차전지의 용량과 작동 전압은 온도가 -10 ℃ 이하로 떨어질 때 실질적으로 감소한다. 이런 작동 저하의 원인은 양극보다 음극(흑연)에서 발생한다[14~18]. 저온 성능 저하는 아래의 세가지 요인과 관련이 있다.

(i) 흑연 표면에 형성된 전해질 계면 및 고체 전해질 계면에서의 이온 전도도 감소

(ii) 흑연 내에서의 리튬 이온의 확산도 제한

(iii) 흑연 양극의 높은 분극

일반적으로 저온에서의 리튬이차전지 성능을 높이기 위하여 전해질 부분을 연구하거나, 외부 절연 및 온열 장치에 관한 방법을 사용했다. 특히 저온에서는 물질의 이동성이 급격히 감소하기 때문에 물질의 이동도를 유지하는 것이 중요하므로 전해질 용매 시스템의 최적화가 중요하다. 전해질의 액체 온도 범위와 점도에 영향을 줄 뿐만 아니라 고체 전해질 계면 형성에도 직접 참여하기 때문이다 [13].

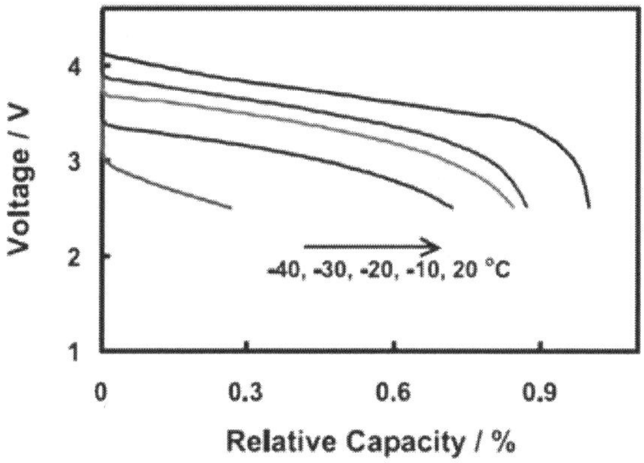

(a)

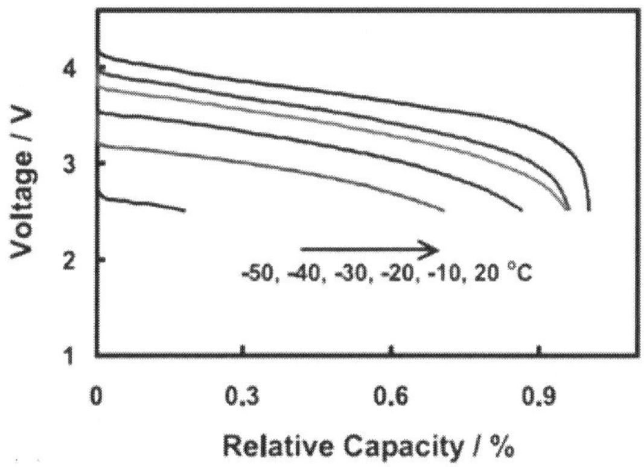

(b)

그림 4.10 전해질에 따른 리튬이온전지의 저온특성 평가 (a) $LiPF_6$ 및 (b) $LiBF_4$[13].

4.2.4.2 고온특성

전지의 고온특성이란 전지가 정상적인 작동범위 보다 더 높은 온도에서 구동할 때 초기성능을 얼마나 유지하는가를 나타내는 것이다. 리튬이차전지의 사용온도 범위는 -30~60 ℃이므로 일반적으로 60 ℃까지 온도특성 평가를 실시한다. 그러나 석유탐사나 군용 등 전지 작동온도가 80~200 ℃인 극한 환경에 적용하기 위한 전지의 개발을 위해서도 필요한 평가이다[19].

리튬이차전지의 고온특성 평가는 장기보관 특성과 수명특성으로 나누어 고려해 볼 수 있다. 장기보관특성은 전지를 잘못 관리하여 고온에 방치해 두었을 때를 고려하여 평가하는 것이고, 고온수명특성은 여름철이나 기타온도가 높은 환경하에서 전자기기를 사용할 경우, 전지 자체에서 발생한 열이나 외부 열에 의해 온도가 상승된 조건에서 평가하는 것이다[1].

특히 리튬이차전지의 주요 구성 성분들은 높은 전류흐름 동안에 발생되는 전지내부의 온도상승에 대한 열 저항성이 있어야 한다[20]. 전지 내에 저장된 에너지가 비정상적인 변환에 의해 온도가 상승하게 되면 다양한 형태의 화학반응이 일어나고 이에 따라 발열, 발화, 및 폭발이 발생되어 전지의 안전성에 문제를 야기시키게 된다. 그러므로 리튬이차전지의 안전성을 확보하기 위해서는 전극, 분리막 및 전해질 소재 측면에서의 안전성 향상을 위한 연구개발이 다각도로 심도있게 이루어져야 한다[21].

4.2.5 에너지 밀도 및 출력 밀도

4.2.5.1 에너지 밀도

리튬이차전지의 에너지양은 다음의 식 (4.4)로 계산이 가능하다.

$$\text{Wh (에너지 양)} = \text{Ah(전하량)} \times \text{V(전압)} \tag{4.4}$$

이 에너지를 단위무게나 단위부피당으로 나타내면 중량 에너지 밀도 (gravimetric energy density; Wh/kg) 혹은 부피 에너지 밀도 (volumetric energy density; Wh/l)로 나타낼 수 있다. 중량에너지 밀도는 1 kg에 축전할 수 있는 에너지가 얼마인가를 나타내며, 부피에너지밀도는 1 L의 부피에 축전할 수 있는 에너지가 얼마인지를 나타낸다. 중량 에너지 밀도는 얼마나 가벼운 전지를 만들 수 있는가의 척도이며, 부피 에너지 밀도는 얼마나 작은 전지를 만들 수 있는가의 척도가 된다[1,22].

4.2.5.2 출력 밀도

출력밀도는 단위시간당 방출되는 에너지를 의미한다. 전기에너지를 전지 단위중량 또는 단위체적으로 나눈 값으로 W/kg, W/ℓ로 표시한다. HEV 용의 전지가 개발되면서 높은 출력 밀도가 요구되고 있어 중요한 평가 기준이 되었다. 앞에서 설명한 에너지 밀도와 출력 밀도의 관계를 그림 4.11에서처럼 라곤 플롯(ragon plot)으로 나타낼 수 있다[23]. 라곤 플롯의 가로축 에너지 밀도는 1 kg당 몇 Wh의 축전 용량이 있는지를 의미하고 세로축의 출력 밀도는 1kg당 몇 W의 전력을 충·방전할 수 있는지를 의미한다.

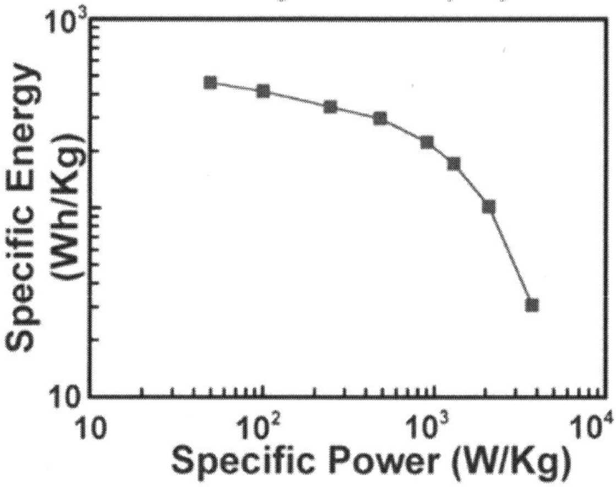

그림 4.11 $FePO_4$나노 와이어 양극의 라곤 플롯[23].

참고문헌

[1] J.K. Park, Principles and applications of lithium secondary batteries, Wiley-VCH, 2012.

[2] Y.H. Kim, S.H. Yoon, Polymer Science and Technology 23 (2013) 307.

[3] R.U.R. Sagar, N. Mahmood, F. J. Stadler, T. Anwar, S.T. Navale, K. Shehzad, B. Du, Electrochim. Acta211 (2016) 156.

[4] J.M. Ko, Polymer Science and Technology 23 (2012) 636.

[5] A.J. Bard, L.R. Faulkner, Electrochemical Methods: Fundamentals and Applications, John Wiley & Sons, New York (1980).

[6] https://www.ceb.cam.ac.uk/research/groups/rg-eme/teaching-notes/linear-sweep-and- cyclic-voltametry-the-principles.

[7] B.Y. Chang, Chemworld 53(2) (2013) 12.

[8] X. Li, D. Yang, X. Hou, J. Shi, Y. Peng, H. Yang, J. Alloy. Compd. 728 (2017) 1.

[9] 특허 KR101278832B1(표면이 피복된 리튬티탄산화물 분말, 이를 구비한 전극, 및 이차전지).

[10] Li-Ion Battery 기술자료, Sony.

[11] 특허 WO2014148849 A1 (이차전지용 음극 활물질, 음극 및 이를 이용한 이차전지와 그의 제조방법).

[12] 엄태호, 신민호, 이정, 김준모, 원충연, 리튬이온 배터리의 충방전 온도에 따른 배터리 수명 분석, 한국조명 전기설비학회 학술대회 논문집, (2016) 137.

[13] S.S Zhang, K Xu, T.R Jow, Electrochem. Commun. 4 (2002) 928.

[14] C.K. Huang, J.S. Sakamoto, J. Wolfenstine, S. Surampudi, J. Electrochem. Soc. 147 (2000) 2893.

[15] E.J. Plichta, W.K. Behl, J. Power Sources 88 (2000) 192.

[16] H.P. Lin, D. Chua, M. Salomon, H.C. Shiao, M. Hendrickson, E. Plichta, S. Slane, Electrochem. Solid-State Lett. 4 (2001) A71.

[17] M.C. Smart, B.V. Ratnakumar, S. Surampudi, J. Electrochem. Soc. 149 (2002) A361.

[18] C.S. Wang, A.J. Appleby, F.E. Little, J. Electrochem. Soc. 149 (2002) A754.

[19] J.H. Kim, A Study on Copper Silicide Anode for Lithium Ion Batteries at Elevated Temperature, Seoul national university, School of Chemical and Biological Engineering, 2007.

[20] P.G. Balakrishnan, R. Ramesh, T.P. Kumar, J. Power Sources 155 (2006) 401.
[21] N.S. Choi, S.S. Kim, S. Narukawa, S.C. Shin, E. H. Cha, Korean Electrochem. Soc. 12 (2009) 203.
[22] K.E. Aifantis, S.A. Hackney, R.V. Kumar, High Energy Density Lithium Batteries: Materials, Engineering, Applications, Wiley, 2010.
[23] Y.J. Lee, H. Yi, W.J. Kim, K. Kang, D.S. Yun, M.S. Strano, G. Ceder, A.M. Belcher, Science 324 (2009) 1051.